LE

GLOBE TERRESTRE

RECONNU VIVANT

ou

PHYSIOLOGIE DE LA TERRE.

AVIS.

Prochainement sous presse :

DICTIONNAIRE RAISONNÉ DE GÉOLOGIE.

PAR

ROUQUAIROL SAINT-ROMAIN

Ce dictionnaire présentera tous les termes employés dans la géologie : la description des roches, celles des terrains, la nomenclature des fossiles qu'on y rencontre, les principaux phénomènes qui ont une action sur le globe, enfin tous les faits géologiques à observer, savoir : ceux antérieurs aux causes qui agissent actuellement, ceux postérieurs relatifs à des causes continuelles, telles que les eaux, la température, les influences atmosphériques, etc., etc.

Enfin, pour faciliter l'étude de la géologie, l'auteur a ajouté deux tables des articles à chercher dans ce dictionnaire, pour faire, par leur lecture suivie : 1° un cours théorique de géologie ; 2° un cours pratique.

S'adresser pour souscrire au Dictionnaire dont il s'agit, chez MM. CARILIAN-GOEURY et DALMONT, quai des Augustins, n°° 39 et 41.

PARIS. — IMPRIMERIE DE FAIN ET THUNOT,
Rue Racine, 28, près de l'Odéon.

LE
GLOBE TERRESTRE

RECONNU VIVANT

OU

PHYSIOLOGIE DE LA TERRE.

PAR

ROUQUAIROL (Saint-Romain).

PARIS.

CARILIAN-GŒURY ET Ve DALMONT,

LIBRAIRES DES CORPS ROYAUX DES PONTS ET CHAUSSÉES ET DES MINES,

Quai des Augustins, n°s 39 et 41.

—

1848

PRÉFACE.

Jamais on ne pourra se faire une idée exacte de tout ce qu'il m'en a coûté d'études préparatoires, de recherches patientes, de veilles et de méditations, pour arriver à la fin de cet ouvrage en apparence si mesquin, et combien il m'a fallu de persistance et de courage pour y revenir sans cesse, après avoir abandonné vingt fois ce travail, commencé en 1806. Mais l'idée fixe était là... elle me harcelait toujours!... Au milieu de la promenade solitaire que je faisais pour rafraîchir mes pensées; pendant la lecture à laquelle je livrais mes distractions; au spectacle, qui fit toujours le délice de mes récréations, dans les cercles les plus joyeux, elle apparaissait souvent; au lit, toujours!... je la retrouvais entre deux sommeils, comme une épouse à laquelle j'étais lié pour la vie. C'était le spectre de mon imagination, c'était le fouet des Euménides, qui, lorsque je laissais errer ma pensée distraite ou vagabonde, la rappelait sans cesse au travail que sa destinée lui avait imposé.

Au milieu des questions innombrables que je me faisais, lorsque je me trouvais arrêté par une objection, il fallait pour la résoudre lire quelquefois des volumes entiers de physiologie, ou d'histoire naturelle, ou de chimie, ou de matière médicale, souvent suivre des cours de minéralogie, de géologie, d'astronomie, etc., etc. Alors je me trouvais arrêté dans la marche de mon travail jusqu'à ce que j'eusse pu établir ma conviction sur l'objet dont le doute suspendait ma plume; ensuite, je revenais à mon ouvrage en m'y livrant avec une nouvelle ardeur, espérant faire jaillir une étincelle de vérité, qui, recueillie un jour par quelque savant, pourra allumer un fanal digne d'éclairer la science.

Critiques qui disséquerez l'œuvre de toutes mes pensées, qualifiez cet ouvrage d'erreur; mais d'après toutes les considérations sur lesquelles j'appuie les faits que je présente, et qui sont le résultat des études profondes que j'ai faites et des convictions consciencieuses qu'elles m'ont fournies, rendez-moi la justice de proclamer que si mon œuvre est une erreur, c'est l'erreur de la science.

TABLE DES CHAPITRES.

	Pages.
Préface.	v
Discours préliminaire.	1
Proposition.	11
Composition du globe terrestre.	23
De l'organisation.	31
Des propriétés organiques.	39
Des corps inorganiques ou matières brutes.	41
Des corps organisés.	47
Caractères de ces corps.	55
Sensibilité.	56
Contractilité.	60
Caloricité.	61
Motilité ou mouvement vital intérieur.	63
Fonctions des corps organisés.	67
Irritabilité.	73
Respiration.	75
Circulation.	79
Absorption.	91
Assimilation.	96
Nutrition.	99
Digestion et déjections.	108
Sécrétions.	114
Transpiration.	116
Génération.	117

	Pages
DES ORGANES DU SPHÉROÏDE TERRESTRE	133
Appareil nerveux	138
Cerveau	142
Cœur	143
DE LA LOCOMOTION ET DES MOUVEMENTS DU GLOBE TERRESTRE	147
CHARPENTE SOLIDE OU COQUILLE DU SPHÉROÏDE TERRESTRE	153
MUSCLES OU PUISSANCE MUSCULAIRE	157
PELAGE OU ROBE	159
DE L'ACCROISSEMENT	161
DE LA VIE	165
DES MALADIES DU GLOBE	173
DE SA MORT OU DE SA FIN	179
CONCLUSION	184

LE
GLOBE TERRESTRE

RECONNU VIVANT

ou

PHYSIOLOGIE DE LA TERRE.

DISCOURS PRÉLIMINAIRE.

En méditant sur le globe que nous habitons et en réfléchissant aux différents phénomènes qui s'y passent, il me vint dans la pensée que cette masse n'était point un amas de matière inerte ou morte, et qu'il serait possible qu'elle fût organisée. Cette idée me parut d'abord si hasardée, que je l'abandonnai bientôt aux premières objections que je me fis ; mais c'était en vain que je ne voulais plus en occuper ma pensée, mes réflexions m'y ramenaient sans cesse, et je ne tardai point à trouver de bonnes raisons pour appuyer de faits ce que je regardais comme une hypothèse. Enfin cette pensée grandit, s'accrut, et prit tant de persistance qu'elle de-

vint dans ma tête comme une idée fixe (1), à laquelle
se rattachaient toutes mes autres réflexions, comme par
une attraction irrésistible. Il ne me fut plus possible de
l'abandonner, elle devint pour moi un besoin d'occupation ou de méditation habituelle; je crus avoir fait la
conquête d'une idée neuve; je me persuadai bientôt que
c'était une vérité, et que j'étais destiné à la faire connaître.

Je me mis donc à l'œuvre dans cette conviction intime, et me voilà à la recherche de cette vérité avec
toute la force de mon âme, heureux à chaque objection
que je détruisais, à chaque pas que je faisais dans cette
route obstruée par tant de difficultés, de faire une dé-
couverte dont la pensée, appartenant à moi seul, pouvait me valoir quelque estime de mes contemporains.

Cette douce illusion soutenait l'activité de mon imagination, et je travaillais avec constance sans me laisser
décourager par les obstacles, lorsqu'au milieu de cette
occupation, consultant un jour un ouvrage, j'y lus que
le savant Képler avait accordé les facultés vitales au
globe terrestre! Troublé par cette lecture, je poursuis
mes recherches, et j'apprends que selon Képler « un fluide
» vital circule dans le globe, qu'une assimilation s'y fait
» comme dans les corps animés, que chacune de ses
» parties est vivante, qu'il n'est pas jusqu'aux molécules
» les plus élémentaires qui n'aient un instinct, une vo-

---

(1) Pour un auteur honnête homme, qu'est-ce qu'une idée dominante, sinon l'expression de sa conscience et de sa persuasion intime?

(Discours de réception de M. Casimir Delavigne
à l'Académie française.)

» lonté, qui ne s'attirent et ne se repoussent d'après les
» sympathies et les antipathies, etc. »

Malgré la différence de mon sentiment sur la plupart
des faits avancés par ce savant astronome, je fus obligé
de convenir que, quoique nous ne fussions point d'accord sur les détails, l'idée principale n'était pas moins
la même; et me voilà forcé de renoncer à la priorité de
cette pensée, que je croyais la propriété de mon génie,
mais que Képler avait publiée deux cents ans avant que
je fusse né. C'est alors que j'éprouvai un chagrin véritable; il me semblait que je venais de perdre quelque
chose qui m'appartenait, et dont la perte était de celles
qui touchent aux affections de l'âme. Le découragement
s'en mêla, et je pris la résolution de renoncer à mon ouvrage. Tous mes rêves, toutes mes illusions de célébrité
disparurent : car, il faut bien en convenir, nous ne tra-
vaillons pas seulement pour éclairer notre siècle. L'écri-
vain voit dans ce qui fait l'objet de ses recherches, de
ses méditations, de toutes ses veilles, le monument à la
faveur duquel son nom sera transmis à la postérité. Il
lui faut un peu d'avenir pour soutenir son courage, et
lui donner la force de vaincre tous les obstacles qui s'opposent à l'achèvement de l'œuvre qu'il a commencée.

Mon découragement était tel que je ne trouvais plus
de pensée dans mon imagination, plus d'énergie dans
mon cœur, plus d'expressions sous ma plume; les forces
m'abandonnèrent, le dégoût, la tristesse s'emparèrent
de moi, je me résignai à mourir tout entier sans laisser
trace d'homme sur la terre, et je mis dans mon testa-
ment que je voulais qu'on enfermât avec moi dans mon
cercueil le manuscrit de cet ouvrage que je n'avais pas

même encore la force de détruire, mais qui, n'étant point achevé, ne pouvait être d'aucune utilité.

Bien du temps se passa, je voulais ensevelir cet ouvrage dans l'oubli; mais malgré moi envahi par cette idée dominante, elle se reproduisait souvent, et parfois j'en parlais encore dans la conversation avec mes amis, mais comme d'un rêve.

Un jour, relisant des notes qui m'avaient été données par M. Nunès de Carvalho (1), savant professeur de l'Université de Coïmbre, sur les opinions des philosophes de l'antiquité à l'égard de l'animation du globe, je reconnus combien leurs idées étaient différentes des miennes; je relus ce que j'avais écrit, et je me sentis renaître un peu de courage en pensant que je dirais des choses plus fondées sur des faits que les systèmes de ces hommes célèbres pour le nom desquels j'avais tant de respect, et qu'enfin je pourrais peut-être encore, après eux, intéresser mes lecteurs.

Par les nouvelles recherches que je fis, je reconnus que l'opinion sur la vie du globe terrestre avait existé primitivement chez les Indiens, puis chez les Égyptiens, ensuite chez les Grecs, enfin dans des temps moins re-

---

(1) Il est impossible d'apporter dans le commerce de la vie plus de douceur et d'aménité que ce bon M. Nunès de Carvalho. Sa conversation a quelque chose de cette bienveillance et de ce sens profond qui rappelle les philosophes de l'antiquité. Je lui dois cet hommage, car il avait la bonté d'écouter mes rêveries et de soutenir mon courage dans cette œuvre difficile; il a même porté l'obligeance jusqu'à extraire à la Bibliothèque, pour moi qui n'en avais point le temps, les notes dont il s'agit.

culés chez des savants de l'Allemagne, et assez nou-
vellement encore parmi des savants français ; je remar-
quai que cette opinion n'avait point été toujours le résultat d'une transmission de peuple à peuple, puisque les
Indiens n'ont point transmis les sciences. Je me dis alors :
Si cette idée s'est manifestée dans des siècles différents,
et chez tous les peuples, elle a dû être inspirée par un
état de choses réel, existant dans le globe, et qui étant
le même dans tous les temps, a dû faire naître la même
pensée à ceux qui méditaient sur la nature. Je devins
alors presque orgueilleux de m'être rencontré avec ces
philosophes ; je me consolai d'être obligé d'abandonner
cette priorité de pensée à laquelle j'attachais tant de
prix, en réfléchissant que leur opinion ne pouvait que
confirmer la mienne, et que je ne serais point regardé
comme un visionnaire.

Je suis loin d'être un grand philosophe ou un savant,
comme ceux dont je viens de citer les opinions. Je n'ai
point la prétention de vouloir faire mieux que tant
d'hommes illustres qui m'ont précédé, et qui sont même
aujourd'hui à la tête de nos académies et de notre ensei-
gnement ; je serai trop heureux, en publiant le résultat
de mes réflexions sur les études imparfaites que ma
position sociale m'a permis de faire, si je puis jeter en
avant une idée qui, saisie par un esprit plus méditatif
et plus profond, prouvera, en développant mon idée
première, que c'est une vérité que j'ai cru entrevoir et
qu'il m'a paru important pour la science de ne point
laisser ensevelir dans l'ombre.

Le globe terrestre, proclamé tout à coup un grand
être organisé vivant, paraîtra sans doute bien fantastique

aux personnes peu initiées dans le secret des organisations ; mais l'homme instruit qui réfléchira sur les considérations que j'ai développées dans les divers chapitres de cet essai, sera forcé d'accorder au globe terrestre la vie, le mouvement, les fonctions organiques, et conviendra qu'il ne nous paraît une matière inerte que parce que nous voyons souvent la nature trop en petit, et bien au-dessous de ses véritables dimensions pour apprécier sa structure.

Si l'élévation des montagnes dont nous voyons les sommets se perdre dans les nues, et si la profondeur des abîmes creusés à la surface de la terre nous confondent d'étonnement, c'est que nous les jugeons en les comparant à l'extrême petitesse des objets qui nous entourent. Atomes imperceptibles qui végétons dans cette légère couche d'air humide que l'on nomme atmosphère, il n'y a point d'expression pour peindre la faiblesse de nos moyens quand nous les employons à agir sur le globe.

S'il était permis à cet animal parasite qui loge dans les pores de notre peau, de réfléchir sur le rapport qui peut exister entre l'homme et lui, combien aurait-il de peine à se figurer que l'homme sur lequel il marche, il se loge, il respire, sur lequel et aux dépens duquel il existe enfin, est un être animé qui respire, digère et existe par les mêmes lois générales que lui ; ne serait-il pas, au contraire, persuadé, en jugeant l'homme avec la petitesse de ses organes, que c'est une masse de matière inerte, immense relativement à lui, mais créée uniquement pour ses besoins.

Chaque végétal a sa plante parasite plus ou moins

apparente, chaque animal nourrit un ou plusieurs insectes parasites; c'est une loi générale à laquelle notre globe aussi est assujetti. L'homme doit donc être considéré comme un des parasites du globe qui aurait pu exister indépendamment de lui; car le globe dépourvu de plantes, d'animaux et d'hommes, n'en aurait pas moins circulé dans son orbite; mais nous, parasites de la terre, nous ne pouvons être sans elle, notre vie ne tient qu'à l'état actuel des choses, elle cesserait aussitôt si le globe éprouvait la moindre modification seulement d'une centième partie dans la constitution de son atmosphère.

Nous sommes donc, comparativement à la terre, ce qu'est cet invisible insecte qui vit à nos dépens; mais nous avons été bien richement dotés par la nature, qui nous a doués de l'intelligence du raisonnement et de toutes ces facultés morales qui nous permettent de l'admirer dans toutes ses harmonies.

Je crois lui offrir mon tribut de reconnaissance en animant ou, au moins, en accordant une organisation au globe. Ce ne peut être un crime que de donner au grand œuvre de la création une créature de plus; c'est, au contraire, élever un monument au Créateur que d'animer les sphères célestes; c'est lui reconnaître une création bien plus importante que celle de quelques classes d'êtres qui, sur la terre, ne présentent au résultat que quatre types d'organisation qu'ils reçoivent tous du globe terrestre, création d'autant plus étonnante et d'autant plus merveilleuse, que sans elle aucune des autres n'aurait existé. Je ne crois point non plus que ce soit une erreur, et je pense avoir suffisamment appuyé ma conviction dans les différents chapitres de cet ouvrage.

Pour élever mon édifice sur une base solide, j'ai rappelé dans chacun de mes chapitres les caractères, les facultés et les propriétés qui constituent les corps organisés, et comparant leurs rapports avec l'organisation du globe, mon but a été de prouver que les lois de la nature qui paraissaient faire des classes à part, des corps organisés vivants, s'appliquaient également à cet être immense qui est soumis aux mêmes règles de formation, de conservation et de destruction.

Dans la justice de ma conscience, je crois devoir nommer les auteurs qui m'ont aidé et ceux qui m'ont fourni les matériaux principaux de mon ouvrage. Je n'ai point la folle vanité de présenter au public un système de ma façon, édifice fragile bâti sur le sable mouvant des hypothèses (1). J'ai cherché avec un travail opiniâtre, soutenu depuis un grand nombre d'années, à rassembler les pièces et les preuves de mon *idée fixe* dans les ouvrages de tous les savants des différents siècles; c'est ainsi que j'ai puisé dans les œuvres de Képler, Cassini, Buffon, Delaplace, et chez nos savants modernes; MM. Cuvier, Brongniart, Élie de Beaumont, Dufrénoy, Cordier et Chevrel m'ont souvent fourni les descriptions dont je me suis servi. J'ai extrait tous les caractères de physiologie dans le Dictionnaire des sciences médicales; d'autres dictionnaires d'histoire naturelle et d'autres ou-

---

(1) La fiction n'embellit que l'histoire des hommes; elle dégrade celle de la nature.

(BERNARDIN DE SAINT-PIERRE.)

vrages de différentes natures ont été consultés ou mis à contribution pour établir tous les faits.

Je ne réserve pour moi que le mérite d'avoir réuni, classé tous les matériaux, toutes les observations isolées, pour en former un faisceau de lumière qui dissipe enfin le mystère, qui obscurcissait depuis tant de siècles l'état véritable du globe.

Je termine en formant le vœu bien sincère que quelque génie me comprenne et achève un jour l'œuvre que je ne puis qu'ébaucher. Je croirai avoir fait assez pour la science, assez pour mes comtemporains, si j'ai soulevé un coin du voile qui cachait une vérité, et qu'une main plus habile, un jour, découvrira tout entière.

[illegible]

[illegible]

PROPOSITION.

*Animal est mundus sensus mentis, rationis compos,
atque naturam animatam sensu præditam habet.*

Hoc est stoïcorum dogma Cudworth, Systema intellec-
tuale, p. 948.

Cette proposition de Cudworth n'étant point d'accord
avec l'opinion que je m'étais formée du sphéroïde terrestre, je me suis demandé qu'est-ce qu'un animal?
Suivant les physiologistes, c'est un être organisé, doué
de la vie et du mouvement, ayant un appareil circulatoire, un appareil respiratoire, un appareil alimentaire
et digestif, un système nerveux plus ou moins composé.

Le globe sur lequel nous habitons et que je nommerai,
avec les géologues actuels, le *sphéroïde terrestre* (1) rem-

---

(1) La dénomination de terre ne peut pas convenir à la planète
que nous habitons ; la terre sert à la vérité à la production et à la
nourriture de tout ce qui existe à la surface de la planète ; mais elle
n'entre que pour une très-faible partie dans sa constitution qui présente un tout composé de fluides, de liquides et de solides bien autrement denses que la terre, substance meuble résultant de détritus

plit-il ces conditions ? S'il en est ainsi , il faudra bien, tout extraordinaire que paraisse cette proposition, admettre que cette planète est un être organisé qui respire, digère, sécrète, absorbe, transpire; qu'il est doué d'une circulation , qu'enfin des fluides nerveux pénètrent dans toutes ses parties et l'animent du feu de la vie.

Avant de résoudre complétement cette question , examinons s'il est possible d'étudier physiologiquement le globe , et si les principes de cette science lui sont applicables.

La physiologie est la science qui traite des phénomènes offerts par les corps vivants; mais d'après son étymologie , ce mot devrait désigner plutôt l'histoire de la nature ; il est donc très à propos d'employer cette

---

produits par l'altération des roches ainsi que de la destruction des corps organisés qui ont vécu à sa surface; ce qui fait que l'on distingue différentes sortes de terres qui ont reçu des noms différents , en raison des substances qui les composent.

On objectera peut-être à mon observation que dans ce cas on prend la partie pour le tout ; mais alors pourquoi choisirait-on précisément la partie la plus faible de toutes celles qui entrent dans la composition de la planète , qui , même dans son principe, n'a point commencé par être de la terre ?

Le nom de globe terrestre lui conviendrait peut-être un peu mieux; mais un globe est un corps rond et la terre a une forme sphérique; elle est aplatie sur ses pôles et gonflée à l'équateur, effet produit par son mouvement de rotation lors de sa liquidité originaire.

Je pense donc qu'il est plus rationnel de donner à notre planète le nom de sphéroïde terrestre, que quelques géologistes lui ont déjà appliqué. C'est en conséquence cette dénomination que j'emploierai plus ordinairement dans cet essai.

expression pour l'examen des phénomènes de la vie répandus dans le sphéroïde terrestre.

En physiologie donc, on compte deux classes d'êtres organisés; ainsi on a admis : 1° une physiologie végétale; 2° une physiologie animale. J'établis une troisième classe, la physiologie terrestre, qui toutefois devra être la première, attendu que dans l'ordre de la création elle a précédé les deux autres auxquelles elle a communiqué le principe de la vie.

En étudiant le jeu des organes et leur mode d'action dans ces trois séries d'êtres organisés, je vais établir une physiologie comparée qui, présentant les analogies et les différences que les actions organiques ont dans les deux séries de corps vivants, déjà admises, puisse démontrer que le *sphéroïde terrestre* est lui-même un grand être ayant vie, sinon entièrement à la manière de ceux que nous connaissons, mais organisé avec les modifications nécessaires à son mode d'existence, et dont la famille est au moins aussi considérable dans l'immensité de l'espace que les familles les plus nombreuses d'animaux qui habitent sa surface.

Je pense donc que le *sphéroïde terrestre* est un grand *être organisé*, attendu que la dénomination d'animal ne peut lui être donnée ainsi que les philosophes de l'antiquité l'ont fait.

Il est bien difficile en effet de donner, même de nos jours, une bonne définition de l'animal : les physiologistes n'ont encore pu y parvenir; aucune n'est assez générale pour s'appliquer à tous les animaux connus, dont la chaîne immense présente toutes les nuances possibles, depuis la plus grande perfection de chaque organe et de la faculté qui en dépend, jusqu'à l'absence totale de cet organe. En créant le mot animal, on n'a eu égard qu'aux espèces les plus voisines de l'homme ; mais en examinant toutes les variations que les différents êtres éprouvent dans leur organisation, il n'est point permis de dire, ainsi que quelques savants l'ont annoncé, que l'essence de l'animal consiste dans la spontanéité des mouvements et dans la sensibilité ; car le mouvement n'est point nécessaire à la vie, puisque les végétaux vivent et sont fixés au sol, et qu'il en est de même de quelques espèces d'animaux. De l'autre part, la sensibilité, résultat de la matière nerveuse, n'est point la base de l'animalité, puisqu'on ne la trouve point dans toute l'étendue de la chaîne des animaux.

Au surplus le corps de tout animal est composé de deux ordres d'organes : les uns appartiennent à des fonctions communes à tous les corps organisés ; tels sont ceux de la nutrition, de l'assimilation et de la génération, les autres sont l'apanage exclusif des animaux : tels sont ceux du sentiment, des sens et de la mobilité spontanée. L'étendue des fonctions sensitives peut donner la mesure du degré d'animalité de chaque être.

Le sphéroïde terrestre ne présente peut-être pas exactement ces caractères, attendu qu'il est d'organisation primitive, et pour ainsi dire le tronc duquel sortent toutes les branches des êtres vivants ; mais comme la nature a toujours procédé du simple au composé, sa première création relativement à notre monde, le sphéroïde terrestre, a dû être aussi d'une organisation plus simple que l'homme, qui est le dernier anneau de la chaîne des êtres vivants; mais le sphéroïde terrestre a été doué avec prodigalité du principe vital ou vivifiant, il a répandu ou propagé la vie dans tout le système des corps organisés, en la modifiant et la diversifiant, suivant le rôle que chaque classe d'êtres ou d'espèces devait jouer à sa surface.

En examinant les zoophytes et les plantes, les premiers êtres organisés qui ont dû être produits sur le globe, la vie paraît renfermée et concentrée dans l'individu. Le sphéroïde terrestre d'organisation primitive existe d'après le même principe : toute sa force vitale réside vraisemblablement dans sa masse centrale. Éteignez ce foyer ardent, ce calorique de la masse centrale de la terre, et bientôt tout ce qui est animé sur elle cessera d'exister. Si l'on ne peut poser les limites de la durée du globe, il est pourtant possible d'en prévoir le terme; tout ce qui s'y est passé jusqu'ici porte à penser que semblable aux autres êtres organisés qui l'habitent, le sphéroïde terrestre éprouve des vicissitudes graduelles dont la lenteur est proportionnée à l'immensité de ce grand corps, ainsi qu'à sa longévité, et il est probable que suivant les divers états où il s'est trouvé, les êtres qu'il a produits ont reçu des modifications qui ont changé graduellement les espèces, au point de former des espèces absolument distinctes. Déjà même l'immensité de sa création s'arrête, un grand nombre de races sont éteintes, on n'en voit point paraître de nouvelles à sa surface; il ne crée donc plus, il n'a donc plus que la force d'entretien des races produites, il a donc passé le terme de la jeunesse, les glaces de l'âge s'étendent déjà sur ses pôles, elles gagneront l'équateur, et alors la vie sera éteinte à sa surface (1).

Enfin, sur quelques caractères que soient fondées toutes les classifications des animaux, si l'homme doit être placé dans une classe à part à cause de l'étendue de son intelligence et de la supériorité de sa raison, de même le sphéroïde terrestre ayant une autre mission à remplir dans l'ordre de l'univers, doit former une classe à part dans l'échelle des êtres organisés, son existence appropriée à l'ordre de ses fonctions n'ayant pour objet que de produire et d'entretenir le feu de la vie dans tous les êtres qui sont à sa surface, et à l'existence desquels il pourvoit seul.

Lorsque les dialecticiens veulent établir une proposition ou un fait, ils ont deux manières de procéder qui sont également rigoureuses : l'une de démontrer directement le fait, l'autre de démontrer l'impossibilité du contraire. Afin de procéder conformément à ce principe, nous allons donc examiner physiologiquement le sphéroïde terrestre, en le considérant comme un être organisé et vivant ; nous comparerons si les caractères qui constituent la vie chez les êtres vivants, d'après les

---

(1) La théorie de la chaleur du globe, calculée par MM. Fourrier et Poisson, a fait connaître qu'avant les temps historiques, le flux de chaleur du globe était cinquante fois plus considérable qu'aujourd'hui. Cette cause, réunie à celle de la température de la mer, qui était plus élevée, avait dû empêcher que des glaces se formassent au pôle. L'étude de la géologie a fait également constater que le pôle n'était pas gelé dans ces époques reculées. Mais on a remarqué que depuis plusieurs siècles les glaces de l'océan boréal avaient augmenté ; car autrefois on avait un accès facile au Groënland.

classifications admises par les physiologistes, peuvent
lui être attribués.

Nous traiterons en conséquence successivement et par
chapitres séparés :

1° De la composition du globe;

2° De l'organisation en général ;

3° Des propriétés organiques ;

4° Des facultés ;

5° Des corps inorganiques ou matières brutes ;

6° Des corps organisés ;

7° Des fonctions de ces corps;

8° Des organes du sphéroïde terrestre;

9° Du mouvement ;

10° De l'accroissememt ;

11° De la vie ;

12° De la mort du sphéroïde terrestre.

Ces chapitres réunissant les définitions présentées par
les physiologistes pour caractériser toute substance
animée, serviront à fonder et à développer l'opinion
que j'émets que le sphéroïde terrestre est un *corps organisé vivant*, et qu'il est impossible qu'il ne soit point
ainsi.

Dans cet essai, je n'ai point en pour objet de me
borner uniquement à faire des descriptions exactes, et
à présenter seulement des faits particuliers. J'ai ras-
semblé les observations éparses, en généralisant les faits
et en les liant ensemble par la force des analogies; j'ai

essayé de prouver, en comparant la nature avec elle-
même dans ses grandes opérations, que les effets étaient
les mêmes dans l'organisation du sphéroïde terrestre
que dans celle des individus qui l'habitent.

Si les vérités physiques ne sont appuyées que sur des
faits, ainsi que le dit Buffon, et si une répétition fré-
quente et une succession non interrompue des mêmes
événements fait l'essence d'une vérité physique, en éta-
blissant une suite de faits semblables, je crois, d'après ce
principe, obtenir une probabilité si grande qu'elle équi-
vaudra à une certitude. Dans l'ordre physique, si une
observation contrarie les lois de la nature, on décide
qu'elle est fausse; et lorsqu'un système est soutenu par
des gens qui s'écartent des notions reçues pour s'abandonner aux rêves de l'imagination, enfin lorsqu'il mène
à des absurdités, un sage doit le rejeter (1).

Mais il n'en est pas ainsi dans la proposition que j'a-
vance: ma pensée sur l'organisation du sphéroïde terrestre, loin de contrarier les lois de la nature, se fonde
au contraire sur ces mêmes lois pour la prouver; ce
n'est point un rêve de l'imagination, c'est en m'appuyant
sur tous les principes établis par les savants pour reconnaître la vie dans les corps organisés, que je me
suis convaincu qu'elle existait dans le sphéroïde terrestre.

---

(1)   *..... et quæ*
Desperat tractata nitescere posse relinquit.
          (HORACE.)
Laissez de côté les sujets que vous ne pouvez traiter d'une manière
intelligible.

Le globe que nous habitons, considéré jusqu'ici par les savants comme une masse de matières inertes et dépourvue d'organisation, n'a été observé et décrit que sous le rapport physique; j'ai pensé que dans l'état des connaissances actuelles, il pouvait être aujourd'hui considéré sous le rapport physiologique; mais comme tout ce qui constitue un véritable système de la nature doit résider dans la simplicité et dans l'analogie, on verra dans les chapitres suivants le mode que j'ai adopté pour établir les faits.

Tous les êtres de la nature étant unis par des liens qui les rattachent les uns aux autres pour en former une chaîne non interrompue, en examinant les analogies que présente le sphéroïde terrestre avec les phénomènes des actions vitales dans les végétaux et les animaux, on pourra admettre également que ce grand être est aussi un corps organisé vivant à sa manière, ayant des fonctions relatives à sa destination, mais dont les principes, soumis aux actions organiques des deux séries de corps vivants reconnus par les physiologistes, sont analogues à celui qui vivifie tous les êtres organisés, la nature n'ayant point deux principes différents malgré la variété immense des modifications qu'elle présente dans les espèces qu'elle organise.

En admettant dans le globe terrestre une organisation, je n'ai point prétendu que ce soit précisément celle d'un végétal ou d'un animal; c'est *celle d'un monde !* Et de même que dans les différentes familles de ces classes dont l'organisation présente des différences très-notables, résultat du rang assigné à chacune des races d'individus dans l'échelle des êtres organisés, de même l'organisation du sphéroïde doit différer de celle des autres corps organisés en raison de la mission qu'il a été chargé de remplir par la nature ; ce sera donc l'organisation d'un monde, mais d'un monde vivant au lieu d'une matière inerte, et les mondes sont d'une importance assez grande par leur innombrable multiplicité dans l'univers pour mériter de former un ordre à part dans la série des œuvres animées de la création.

Serait-il admissible que les astres ne sont que des masses de matière inerte privées d'organisation, quand la nature dote de tant d'organes les plus petits insectes ? Le bon sens se refuse à une semblable pensée.

Le globe terrestre, présenté comme un grand corps organisé, paraîtra peut-être gigantesque au premier aspect ; mais si par la réflexion on le compare avec les autres corps célestes qui peuplent l'espace, son énormité disparaîtra bientôt dans l'immensité, et il n'y circulera plus que comme un corps très-ordinaire comparativement aux autres.

Les philosophes de l'antiquité avaient très-bien senti que notre globe, ainsi que les autres corps de notre système planétaire, devait être doué d'un principe vital quelconque, auquel ils donnaient même un trop grand développement.

Parmi les modernes, le célèbre astronome Képler et d'autres ont eu la même opinion. Comment en effet pourrait-on se refuser à cette idée si grande, si belle, si conforme aux vastes et admirables opérations de la nature ? Ne serait-ce pas lui faire injure que de considérer

les globes qui peuplent l'immensité de la voûte éthérée
comme des matières fixes inertes, comme de vastes ca-
davres jetés dans l'espace pour servir de marchepied
à cette multitude de petits êtres qui vivent à sa surface,
à cette race humaine d'une organisation si débile et si
faible? Autant il vaudrait dire qu'un cèdre, qu'un
chêne, qu'un baobad (1) n'ont point d'autre destination
que de donner asile aux animalcules qui naissent, vivent, rampent, se reproduisent et meurent sur son
écorce.

---

(1) Le baobad ; est un arbre du Sénégal. Adanson et Golbéri en ont
mesuré qui avaient quatre-vingt-cinq pieds de circonférence, trente-
cinq pieds de diamétre, et qui, selon ces voyageurs, pouvaient avoir
vécu cinq mille cinq cents ans.

COMPOSITION

DU

SPHÉROÏDE TERRESTRE.

Les physiciens ont posé en principe que le nombre
des éléments est très-considérable dans les corps inorganisés, et très-limité au contraire dans les corps organisés. Il est cependant à remarquer que tous les éléments que la chimie a trouvés dans le règne prétendu
inorganique ont été reconnus dans le règne organique,
et que l'oxygène, l'hydrogène, l'azote, le carbone, le
soufre, le phosphore, le fer, le calcium, le sodium, le
potassium, le magnésium, le silicium, le manganèse,
les acides, les alcalis et d'autres substances ont mani-
festé leur présence dans les corps organisés. Tous ces
principes n'y diffèrent que par les proportions, et surtout par le mode d'agrégation, qui est le grand secret
de la nature pour diversifier les propriétés des corps.

Il résulte de ce fait que, considérés en masse, les
corps organisés sont au contraire plus composés de

principes solides que les corps inorganiques où les combinaisons sont en général simplement binaires, quoiqu'à la vérité elles soient quelquefois quaternaires ou même plus compliquées encore.

Les physiciens ont également avancé qu'un des caractères principaux des corps inorganiques *est d'être toujours à l'état solide*. Ce principe serait encore une preuve à l'appui du fait que je me propose d'examiner, que *le sphéroïde terrestre est un corps organisé;* car bien loin d'être à l'état solide, la masse totale des liquides, des fluides et des gaz qui le composent paraît l'emporter de beaucoup sur celle des solides qui le constituent, ainsi qu'on le verra dans le cours de ce chapitre, la partie solide du globe n'étant due qu'aux roches de formation primitive et sur cette masse que l'on appelle matière, qui au premier coup d'œil paraît inerte, mais dont l'immensité est indispensable pour exercer les fonctions que les diverses couches qui la composent sont destinées à remplir. En effet, si les parties solides du globe n'existaient point; si cette matière, improprement appelée inerte, n'était point destinée à remplir des fonctions nécessaires à la vie du sphéroïde terrestre, il est facile de comprendre qu'il ne serait point dans l'état où on le voit; il se trouverait réduit à la masse des matières incandescentes ou en fusion qui constituent sa masse centrale; il n'aurait plus cette écorce solide sur laquelle les animaux se forment, vivent et perpétuent leurs races; il serait alors comme dans l'état où après avoir commencé à se former, les parties qui le composent étant réunies n'avaient point encore laissé refroidir une croûte consolidée à sa surface. Cette croûte ou cette matière solide n'eût-elle toutefois pour objet que de retenir les principes constituants du sphéroïde terrestre comme dans une coquille, elle aurait déjà une fonction à exercer; mais la diversité et la multiplicité des couches qui composent cette enveloppe ne permettent point de douter qu'elle n'ait d'autres fonctions à remplir. Pour indiquer ces fonctions, il faut pouvoir examiner ces masses dans toute leur étendue, distinguer dans cette écorce solide du globe les substances diverses qui la composent.

En effet, ces roches ont-elles été produites par la nature pour constituer seulement une croûte solide, dont l'objet serait de garantir la masse centrale du globe des influences que les fluides qui parcourent l'espace pourraient exercer contre elle? Si c'était l'unique but de la nature, elle n'aurait pas eu besoin de former un nombre aussi considérable d'espèces de roches, qui, d'après la classification de M. Cordier, s'élève à plus de trois cent. Il semble qu'avec une seule espèce de roche le but eût été rempli. On objectera peut-être qu'il y aurait eu quelque inconvénient à former la croûte du globe d'une seule espèce; que si elle était homogène, elle serait peut-être trop rigide pour se prêter aux mouvements de contraction ou de dilatation résultant des actions qui se passent dans l'intérieur de l'écorce et dans sa masse; mais alors il eût suffi d'un très-petit nombre de combinaisons, pour donner à cette écorce toute l'élasticité nécessaire. Pourquoi donc ce nombre d'espèces de roches diverses? C'est qu'il faut reconnaître qu'elles ont une contexture différente, et que par la nature de leurs mélanges, elles ont reçu des propriétés particulières qui les rendent susceptibles de jouer chacune un rôle différent dans l'organisation du globe terrestre. C'est qu'il faut admettre que ces roches ont une fonction physiologique à y remplir.

En reconnaissant ce fait, je ne pense pas qu'on y doive faire concourir toutes les espèces que les géologues ont admises dans leurs classifications, et je crois qu'on peut les réduire à six groupes principaux.

Ce sont, savoir :

Ier GROUPE. Les *Roches pierreuses*. Il est composé des roches

> quartzeuses,
> feldspathiques,
> micacées,
> talqueuses,
> amphiboleuses,
> diallagiques,
> pyroxéniques,
> amphigénites.

IIe GROUPE. Les *Roches métalliques*. Ce sont celles dans lesquelles le métal y est le plus répandu ou forme l'élément principal, telles que :

> le fer,
> le manganèse,
> le zinc,
> le plomb, etc.

IIIe GROUPE. Ce serait : les *Roches salines*,

> la chaux carbonatée,

la chaux sulfatée,
la magnésie carbonatée,
la baryte,
la strontiane,
la soude muriatée.

IVe GROUPE. Ce serait : les *Roches volcaniques*,

les balsates,
les scories,
les laves,
les tufs volcaniques, etc.

Ve GROUPE. Les *Roches combustibles*, telles que :

les charbons,
la houille,
le soufre,
les lignites.

VIe GROUPE. Il se composerait des roches

d'alluvions { marines,
{ fluviatiles,
et des terrains modernes (1).

Au-dessous de ces groupes de roches dont l'ensemble constitue une enveloppe ou une sorte de coquille, les géologues et les physiciens admettent l'existence d'un

---

(1) Je ne cite point ici les *roches métamorphiques*, parce qu'il est reconnu que ce sont des *roches sédimentaires* qui ont éprouvé un changement dans leur contexture par l'action calorifique des roches éruptives.

feu central. Il n'est pas possible de se refuser à croire à la réalité d'un fait à peu près semblable. Toutefois, ce feu de la masse centrale ne peut être comparé à celui du soleil, qui, placé dans l'espace, y trouve l'aliment nécessaire pour le conserver ou l'entretenir. Le feu central du globe ne peut être également semblable à celui que nous connaissons sur la terre et qui met en ignition toutes les substances susceptibles de brûler ou de se mettre en fusion. On ne peut non plus croire ce feu central renfermé complétement dans l'intérieur de l'écorce du globe, car il s'y éteindrait faute d'aliment, ou s'y étoufferait, toute combustion ne pouvant avoir lieu qu'au moyen d'un courant d'air. Au surplus, ce n'est point le phénomène d'une combustion qui a lieu dans la masse centrale, c'est une fusion de toutes les matières qui y sont réunies, résultante de la chaleur originaire du globe, et qui s'y trouve concentrée ; c'est donc une fusion qui n'est point poussée à un degré assez élevé pour volatiliser les matières ; mais comme elles perdraient de leur quantité si elles n'étaient entretenues par l'apport de substances nouvelles, on verra au chapitre de la nutrition du globe terrestre les moyens que la nature a employés pour parvenir à ce but.

Pour reconnaître et distinguer les différents groupes de roches, il faut savoir examiner ces masses dans toute leur puissance, reconnaître dans cette écorce solide de la terre les substances diverses qui la composent et les fonctions qui peuvent être attribuées à ces masses si diverses. En les étudiant, on reconnaît que les unes doivent être considérées comme ayant en pour objet de constituer l'organisation solide du globe : telles sont les roches qui composent le premier groupe ;

Que les autres ont une fonction toute physiologique et très-importante : ce sont les roches du second groupe ;

Que les schistes peuvent être considérés comme les organes exhalants du globe ;

Que les couches perméables en seraient les organes absorbants ;

Que les couches argileuses en sont les organes circulatoires ;

Que d'autres sont d'une formation bien postérieure aux deux premiers groupes : telles sont celles des groupes suivants, et l'on verra dans chacun des chapitres de cet ouvrage les différents rôles qu'elles jouent dans la constitution de la planète que nous habitons.

En examinant ce mode d'organisation, on ne peut point annoncer que celle du globe terrestre est aussi compliquée que l'organisation des autres êtres organisés ; elle doit être en partie plus simple, parce que la nature, dans ses créations, a toujours marché du simple au composé ; mais enfin, ainsi que les autres êtres organisés ayant vie, il se compose, non point, comme l'ont avancé jusqu'ici les physiciens en parlant des corps inorganiques, d'une formation toute solide ou toute liquide, mais il est composé d'une réunion d'éléments solides, d'éléments liquides, d'éléments fluides (1) et

---

(1) Le fluide électrique, le fluide magnétique, le calorique, la lumière.

d'éléments gazeux. Combinés de toutes sortes de manières, ces éléments ont formé les organes du sphéroïde terrestre, qui y entretiennent et conservent le
foyer vital (1), sans lequel il cesserait bientôt d'exister;
seulement ces organes étant d'une immense étendue,
en raison de la grosseur de cet être, ils ne peuvent être
envisagés dans toute leur contenance par notre vue res-
serrée, par la ténuité de nos instruments, ainsi que par
la faiblesse de nos moyens physiques. Mais notre pensée
nous permet de saisir et de reconnaître les fonctions de
ces organes, en les comparant par l'analogie qu'elles
ont avec les fonctions que des organes, plus compliqués
souvent, remplissent chez les êtres organisés.

Tel est le but que je me suis proposé d'atteindre ou
le fait que j'ai essayé d'expliquer dans les chapitres
suivants.

---

(1) Dans une de ses démonstrations au collége de France en 1847,
M. Élie de Beaumont a dit : « Le foyer intérieur du globe a subi des
» changements successifs, car le globe a été habité par des êtres dif-
» férents, en raison des circonstances diverses et des changements
» qui ont eu lieu dans l'intérieur de la terre. »

Ce professeur reconnaît donc aussi ce foyer intérieur du globe,
dont il paraît bien difficile de nier aujourd'hui l'existence.

DE L'ORGANISATION.

Les physiologistes qui ont écrit sur cette matière entendent par l'organisation le mode de composition matérielle qui est propre à tous les corps vivants en général et à chacune de leurs parties en particulier, et que l'on nomme ainsi parce qu'il consiste en un assemblage de *parties qui concourent toutes à former l'être* et à le faire vivre, quoique, du moins dans les corps vivants, d'une organisation compliquée ; elles diffèrent toutes les unes des autres par la forme, la composition et les actions qu'elles exécutent. C'est surtout ce dernier trait que l'on considère comme le caractère principal de l'organisation.

En appliquant ces principes au sphéroïde terrestre, ne doit-on pas convenir qu'il est le résultat d'un mode de composition de matières *qui concourent à le former et qui diffèrent entre elles* ? En effet, le granite n'est point semblable au schiste, celui-ci ne ressemble point au calcaire ; ce dernier diffère des roches amphiboliques, etc., etc. ; les gaz, les fluides n'ont également point de ressemblance avec les autres matières qui, réunies, ont produit le globe terrestre ; toutes ces parties diffèrent donc par leur forme, par leur composition , et surtout par les actions qu'elles sont destinées à exercer.

Mais ne nous arrêtons point à ces premiers caractères, et poursuivons.

L'organisation est toujours, suivant les définitions des physiologistes : 1° un assemblage de molécules disposées dans un ordre régulier, différent de la simple agrégation et de la cristallisation , ordre qui constitue un appareil de pièces ou d'organes divers concourant à des fonctions déterminées. Ce principe , posé par les physiologistes, est une erreur, car on va se convaincre dans ce même chapitre que l'organisation et la cristallisation ont lieu d'après les mêmes lois de la nature.

2° L'organisation se compose de substances liquides et de solides dans une action perpétuelle et réciproque les unes sur les autres , pendant la vie , qui modifient continuellement l'être vivant.

Cette seconde loi de la forme organique peut très-exactement s'appliquer au sphéroïde terrestre , qui est un corps composé de substances solides et de liquides , etc. L'étude de la géologie prouve suffisamment que la constitution du globe n'offre point un système inerte , qu'elle est soumise à des actions et à des influences sensibles, à des mouvements variés , à des phénomènes continuels , ce que prouve l'écoulement des sources , les tremblements de terre , les déjections volcaniques ; elle éprouve enfin des modifications perpétuelles. Il y a dans la masse centrale du globe un travail, une succession perpétuelle de fonctions qui préparent

les solfatares, les émanations gazeuses, boueuses ou
vaseuses, les éruptions volcaniques, les tremblements
de terre. La constitution du globe éprouve nécessairement des modifications par le rayonnement de la chaleur, qui se fait du centre à la circonférence et à l'extérieur ; enfin, il doit éprouver des variations singulières
qui sont dénoncées aux observateurs par les déviations
diurnes de l'aiguille aimantée (1), ce dont on doit être
convaincu par la note ci-dessous.

L'examen des couches qui constituent l'écorce minérale du globe fait connaître combien il a été modifié
avant les temps historiques, et combien il l'est journellement encore par les actions perpétuelles et réciproques
des substances qui le composent et des phénomènes dont
il est le théâtre. N'est-il pas formé de solides, de liquides
et de fluides ? En effet, il lui fallait : 1° des parties so-

---

(1) D'après les observations de M. Arago, il paraît constaté que les
mouvements de l'aiguille aimantée en déclinaison ne se produisent
pas uniformément et constamment; il en résulte que les forces magnétiques sont continuellement en action.

Vers sept heures du matin, la déclinaison est à son minimum ; elle
atteint son maximum vers midi, et varie de nouveau jusqu'à sept
heures du soir.

Il y a encore des oscillations trimestrielles et d'annuelles ; ces variations sont très-sensibles vers les pôles et dans nos climats ; mais
vers l'équateur, elles sont insensibles. La bande sans déclinaison est
à quinze degrés au-dessous de l'équateur, traverse le globe, et en
sort à quinze degrés environ au-dessus ; c'est ce qu'on nomme
l'équateur magnétique.

Voir l'article Absorption, où j'ai émis le vœu que les sciences médicales s'emparent de ces observations pour le traitement des maladies.

lides, afin qu'il conservât une forme constante, indispensable à la régularité de sa rotation et des autres fonctions qu'il devait exercer ; 2° il lui fallait des parties liquides, afin de pourvoir à sa nutrition ; 3° il fallait qu'il entrât des fluides dans sa composition, afin de donner à quelques-unes de ses parties solides une texture qui, en y produisant ou en y entretenant la perméabilité et l'élasticité des couches, établit dans le globe terrestre une sorte de circulation.

Avant de passer à la discussion de l'analogie de ces lois entre les corps reconnus vivants et le sphéroïde terrestre, après avoir reconnu les caractères de l'organisation, établissons encore quels en sont les principes, toujours d'après les ouvrages qui ont traité de cette matière.

PRINCIPES DE L'ORGANISATION.

On désigne sous le nom de *globules* les principes primitifs et constituants de la forme organique ; d'après les recherches de M. *Milne Edwards* sur le tissu cellulaire, sur le tissu fibreux, le tissu vasculaire, les muscles et le tissu nerveux, il paraît que la forme et la disposition des parties élémentaires de chacun de ces tissus sont les mêmes, quel que soit l'animal sur lequel on étudie. M. Milne Edwards pense donc pouvoir établir comme loi générale que la structure élémentaire propre à ces divers tissus est identique chez tous les animaux ; que la forme

et la grandeur des globules sont toujours les mêmes,
quel que soit d'ailleurs l'organe ou l'animal dont on examine les tissus ; on serait donc porté à croire d'après
cela (dit l'auteur de l'article Organisation, Dictionnaire
des sciences médicales) que les molécules des matières
animales solides et organisées affectent toujours *une
forme primitive* constante et déterminée.

En effet, comme M. Milne Edwards dit l'avoir constaté, des corpuscules sphériques du diamètre d'un trois-
centième de millimètre constituent par leur assemblage
les tissus précédemment indiqués, quelles que soient du
reste les propriétés de ces parties et les fonctions auxquelles elles sont destinées. Toujours, d'après ce savant
physiologiste, ces deux principes de la forme organique,
les globules et la lymphe coagulable, donnent naissance
à deux formes principales, la *fibreuse* et la *lamellaire*,
caractérisées principalement parce que dans la première la dimension en longueur l'emporte de beaucoup
sur les deux autres, tandis que dans la seconde, elle
se rapproche plus ou moins de la dimension en largeur.

Après avoir posé les principes d'après lesquels les
physiologistes reconnaissent les caractères de l'organisation chez les êtres vivants, examinons si ces lois fondamentales peuvent s'appliquer au mode de composition
du sphéroïde terrestre.

Si l'on n'a point encore pu reconnaître ou déterminer
le mode de formation primitive du sphéroïde terrestre,
les observations géologiques et minéralogiques ont été
portées assez loin pour connaître au moins le mode de
composition de chacune des parties *qui concourent toutes*

ensemble à former l'être (1), puisque l'on est parvenu à décrire non-seulement les parties constituantes et pour ainsi dire élémentaires des roches, mais encore la forme primitive de la cristallisation de chacune des substances minéralogiques dans leur état de pureté, c'est-à-dire entièrement dégagées de parties hétérogènes auxquelles elles se trouvent souvent associées.

Ces formes cristallines si bien reconnues, si mathématiquement et si habilement déterminées par les observations des minéralogistes, sont, relativement aux matières solides du globe, ce que la lymphe *coagulable*, *fibreuse* ou *lamellaire* est à l'égard des corps organisés vivants dont elle forme la base des premiers solides. Seulement, de même que les recherches de M. Milne Edwards ont porté sur les tissus fibreux, vasculaires et nerveux dont il a reconnu les parties élémentaires, mais non sur le germe principe de l'être organisé dont il a examiné les tissus, de même les observations des géologues et des minéralogistes ne se sont portées que sur des parties séparées du sphéroïde dont l'assemblage le compose, mais non sur la molécule intégrante du sphéroïde lui-même, que l'on ne peut déterminer, puisqu'il n'a pu être permis à l'homme d'assister à sa création. Quoi qu'il en soit, puisque l'analogie est la même pour les parties qui constituent le sphéroïde terrestre, on doit en conclure, dès que ces parties ont le même principe élémentaire d'organisation, qu'elles sont organisées elles-mêmes, et qu'elles concourent ainsi à l'organisation du grand tout.

---

(1) Consulter le beau *Traité de minéralogie* de M. Dufrénoy, 1846.

En effet, ce qui, d'après les observations de M. Milne Edwards, se passe à l'égard de l'organisation des corps destinés à vivre, n'est-il pas la répétition exacte de ce qui s'est passé à l'égard des minéraux lors de leur formation ?

Qu'est-ce que ces globules, principes constituants et primitifs de tout corps organisé ?

N'est-ce pas la molécule intégrante, principe constituant et primitif de toute substance minéralogique ?

Qu'est-ce que les formes principales de la lymphe coagulable fibreuse ou lamellaire ?

Ne nous rappellent-elles point les formes de la cristallisation des minéraux ?

Qu'est-ce que cette coagulation de la lymphe par le refroidissement ? c'est une véritable cristallisation.

Au point où la science est parvenue aujourd'hui, on ne peut nier que les corps de la nature sont liés entre eux dans les rapports de leurs combinaisons. La théorie atomique fait reconnaître que la matière est composée de petites molécules insécables ou d'atomes dont les poids et les équivalents sont parfaitement connus ; ainsi la molécule physique ou l'atome des Grecs est vraie, et les chimistes de nos jours, en admettant cette théorie avec toute la prudence qui les caractérise, avancent que s'ils avaient des forces plus grandes que celles de la chimie actuelle, il trouveraient peut-être encore des parcelles beaucoup plus petites ; mais toujours est-il qu'ils conviennent que dans leurs expériences et dans leurs instruments, les corps de la nature se conduisent comme s'ils étaient composés de molécules physiques ou d'atomes insécables. (M. Dumas, *Cours de chimie.*)

Ainsi, dès que les principes d'organisation des parties constituantes de l'être qui jouit de la vie ont pour résultat de former par un assemblage un être organisé, si ces principes se retrouvent dans la substance minéralogique que l'on appelle matière inerte, il faut bien convenir que c'est à tort qu'on la croit telle, et que la réunion de ces diverses substances doit par analogie avoir pour objet de former un tout qui, dans son ensemble, est organisé d'après les mêmes principes, mais avec les modifications nécessaires pour que l'organisation de l'être organisé soit toujours en rapport avec ses besoins.

Puisqu'il en est ainsi, le sphéroïde terrestre est donc dans son ensemble un grand être organisé.

Nous examinerons dans les chapitres suivants s'il exerce les fonctions vitales qu'on attribue aux êtres organisés vivants.

PROPRIÉTÉS ORGANIQUES.

« Sous le nom de propriétés organiques, on désigne celles en vertu desquelles les organes des corps vivants subissent l'action des corps ambiants, se nourrissent ou réagissent sur eux, avec ou sans conscience, avec ou sans douleur. »

Rien ne prouve que le sphéroïde terrestre ne jouit point de propriétés organiques; toutes les lois qui le régissent s'accordent au contraire pour démontrer qu'elles y existent même très-activement. En effet, que l'on refuse de lui accorder ces propriétés organiques, la végétation aurait-elle lieu si les organes du sphéroïde terrestre ne subissaient point l'action des corps ambiants? la circulation des eaux ne serait-elle point arrêtée, la température changée? les vapeurs qui s'élèvent de la terre et des eaux, les gaz et les divers fluides qui circulent dans l'intérieur de sa masse ainsi qu'à sa surface, et qui contribuent à former son atmosphère, seraient-ils dans l'harmonie convenable pour le conserver en l'état où il a besoin d'être?

Qui peut donc maintenir cette heureuse et admirable concordance dans tous les éléments divers, si ce n'est l'effet de propriétés résultantes d'organes qui composent, mettent en mouvement et en rapport les différentes substances par lesquelles il jouit de la vie, et dont les actions et les réactions réciproques concourent à le maintenir? On ne peut refuser d'admettre ces effets sans nier aveuglément la vérité; et si ils cessaient d'avoir lieu, ne sera-t-on point forcé de convenir qu'ils causeraient infailliblement la prompte destruction du globe que nous habitons?

Nous verrons dans les chapitres suivants les fonctions de ces organes.

DES CORPS INORGANIQUES

OU

MATIÈRES BRUTES.

Après avoir examiné ce que l'on entend en physiologie par le mot organisation et quels sont les caractères
qui distinguent les corps organisés , pour me conformer
aux principes des dialecticiens , après avoir démontré
que le sphéroïde terrestre est un corps organisé , je vais
établir les caractères des *corps inorganisés* et essayer de
démontrer que le sphéroïde terrestre n'est point un corps
inorganisé.

Ces corps sont caractérisés :

1° Par la force d'attraction ;

2° Par la juxtaposition ;

3° Par le retour à un état primitif ;

4° Enfin ils se reconnaissent à un caractère particulier bien distinct qu'on ne trouve point dans les corps
vivants : c'est la cristallisation.

1° Les différentes substances qui entrent dans la composition du sphéroïde terrestre ne sont point unies entre elles par une force d'attraction ; il y a au contraire dans cette multitude de couches superposées les unes aux autres une différence de composition telle qu'il ne peut y avoir d'affinité ni d'attraction entre la plupart de ces couches ; et cela est si remarquable que les géologues ont même établi pour les reconnaître les distinctions de formation primitive, de terrains de transition, de formation secondaire, tertiaire, et des terrains modernes, etc., et il est à remarquer que ces terrains sont presque toujours disposés en stratification discordante les uns relativement aux autres.

2° Le sphéroïde terrestre n'a point de retour à un état primitif, il tend au contraire à modifier chaque jour son état, soit en laissant désagréger les roches qui le composent, soit en s'appropriant les détritus des innombrables corps organisés qui vivent et meurent à sa surface, et qui grossissant chaque jour son écorce par des masses immenses de dépôt, doivent empêcher son retour à l'état primitif.

3° Il n'offre point une cristallisation qui lui soit particulière ; celles que l'on reconnaît dans les minéraux ne se rapportent qu'à leur formation partielle, mais nous ne connaissons point une cristallisation du globe.

On lit dans les ouvrages de physiologie que dans les matières brutes les lois du mouvement, de l'attraction et des affinités, celles de la chaleur et des propriétés inaliénables de toute matière, telles que la figure, l'impénétrabilité, l'étendue, l'inertie, sont générales et invariables ; qu'elles subsistent par elles-mêmes et indépendamment de l'ensemble ; que chacune de leurs molécules, intégrante, inaltérable dans son essence, est indépendante du tout et se suffit à elle-même ; qu'elle porte dans elle la raison de son existence et de son état ; que les modifications qu'elle éprouve lui viennent du dehors et que ses métamorphoses lui sont amenées par des causes étrangères à elle-même ; qu'un atome de terre, de fer ou de soufre existe par sa propre nature et resterait toujours le même jusqu'à la fin des siècles, si rien d'extérieur ne sollicitait un changement dans ses qualités par sa combinaison avec un ou plusieurs atomes ; qu'enfin l'être brut est fixe, que ses forces sont régulières, susceptibles d'être calculées, qu'elles ont une invariabilité qui tient à leur nature simple, etc.

Les principes ci-dessus, d'après lesquels les physiciens et les physiologistes ont établi les lois qui régissent les matières brutes, ne sont admissibles que parce qu'on considère comme *telles des parcelles d'un grand tout*; mais si au lieu de porter son observation sur ce que l'on regarde aujourd'hui comme une substance minérale ou une matière inerte, une pierre, par exemple, qui est un fragment de rocher, on considérait non-seulement le rocher lui-même, mais encore la chaîne de montagnes dont il n'est qu'une très-petite aspérité, si l'on considérait sa position, son inclinaison, son étendue, sa composition, etc., le rôle enfin qu'il est destiné à jouer dans l'ensemble de l'organisation du sphéroïde terrestre, on se formerait une tout autre idée des substances que l'on regarde comme brutes, et qui ont vraisemblablement elles-mêmes, prises dans leur masse et dans leur ensemble, une organisation qui leur est particulière. Ce serait comme si, en supposant un animal qui, au lieu d'être grand comme un éléphant ou comme une baleine, serait gros comme le globe que nous habitons, et aurait alors trois mille lieues de grosseur, que détachant de son immense charpente osseuse un fragment, fût-il gros comme le Panthéon, ce qui ne serait qu'une esquille de sa charpente solide, et qu'agissant mécaniquement et chimiquement sur cet échantillon, si modique comparativement à l'animal, et reconnaissant que c'est un composé de chaux, d'acide phosphorique, etc., etc., ainsi que tous les os des mammifères, on affirmait alors que le fragment de cet os est *une substance brute* (car il paraîtrait tel aux yeux des observateurs), puisqu'ils pourraient lui appliquer tous les caractères attribués aux matières brutes dans le commencement de ce chapitre. Combien pourtant l'erreur serait grande! elle proviendrait sans contredit de ce que l'on n'aurait porté ses observations que sur une très-modique partie d'un tout, tandis que si on l'eût embrassé dans son ensemble dans les fonctions qu'il doit remplir, on aurait eu une tout autre idée des substances que l'on regarde aujourd'hui comme brutes.

Concluons de ce qui vient d'être exposé, que dans l'organisation de l'être immense que j'examine, il n'existe que peu ou point de matières brutes (1); que ces sub-

---

(1) Je pense que par la suite on ne regardera plus comme matières inertes ou inorganiques que les substances qui ne se rapportent point aux formations primitives, et qui proviennent de l'altération ou de la décomposition des roches, ou de conglomérats, ou de produits volcaniques ou de détritus des corps organisés, attendu que, sans ces substances, le globe a existé, et pouvait exister toujours avec son écorce primordiale solidifiée.

stances ne nous paraissent inertes que parce que nous les examinons sur un échantillon trop mesquin ; mais lorsque nos moyens mécaniques et nos connaissances géologiques nous auront permis de l'embrasser dans tous ses rapports et dans toute son étendue, les distinctions établies entre les corps organisés et les corps inorganiques ne seront plus admissibles pour une grande partie de ces substances.

Il n'existe en effet dans les matières constitutives du sphéroïde terrestre aucune substance véritablement inerte ; ce qui nous paraît tel est une vie cachée, une sorte de sommeil de la matière, qui se repose et qui ne se réveille que lorsqu'elle se trouve dans les circonstances nécessaires pour manifester de nouveau son existence. C'est ainsi qu'une substance minérale, qui paraît entièrement inerte, manifeste ses propriétés lorsqu'on la met en rapport avec les réactifs qui peuvent agir sur elle, soit l'aiguille aimantée, soit le fluide électrique ou la pile galvanique, les acides, etc. Alors on est bien forcé de convenir que la matière a toujours une certaine quantité de vie ou de fluide vital, tantôt caché, tantôt apparent.

Enfin le sphéroïde terrestre ne nous paraît une matière inerte que parce que nous avons manqué jusqu'ici des moyens d'apprécier les rapports des différentes substances qui le composent.

Je termine en formant le vœu que les géologues, au lieu de porter leurs observations sur les détails de composition des substances solides du globe, étudient ses masses dans toute leur étendue, qu'ils déterminent exactement la puissance des bancs et des couches, leur position, leur degré d'inclinaison, leurs rapports et leur connexion enfin d'un *bout à l'autre de leur étendue*, et je pense qu'ils se convaincront un jour que ces couches n'ont point été formées au hasard, mais bien qu'elles constituent dans leur ensemble des masses organiques destinées à remplir des fonctions qui doivent conserver et entretenir la vie dans le grand être organisé dont nous nous occupons.

Nous verrons dans les chapitres suivants le rôle que doivent jour les grandes formations de terrains et de roches, suivant la différence de leur structure et la diversité de leur composition.

DES CORPS ORGANISÉS.

On a donné ce nom aux corps faisant partie de l'une des deux grandes classes dans lesquelles on a partagé tous les corps de la nature, et par opposition on a appelé les autres corps inorganiques.

Pour reconnaître ce que c'est qu'un corps organisé, les physiologistes ont établi les distinctions suivantes :

1° Le corps organisé affecte constamment les mêmes formes intérieures, ainsi que les extérieures qui en dépendent; il est construit sur un modèle général dont chaque membre, chaque partie concourt à l'activité du tout.

Ce principe est parfaitement applicable au sphéroïde terrestre. En effet, retirez-lui ou ses parties solides, ou ses parties liquides, ou son calorique, ou les fluides qui le pénètrent; il cessera de conserver la forme extérieure qu'il présente, chacune des parties qui le composent *concourent donc à l'activité du tout.*

2° Les corps organisés sont formés d'une agrégation

de molécules produites elles-mêmes par des combinaisons non saturées, non fixes et très-variables.

Ceci ne peut se rapporter qu'à la composition des êtres vivants; mais de même qu'il y a des différences entre l'organisme humain et celui des autres êtres vivants, de même il peut en exister dans la comparaison de ceux-ci à l'organisation du sphéroïde terrestre.

3° Ils exercent une influence attractive sur les corps combinés qu'ils décomposent, afin de les assimiler à leur propre substance.

On ne peut nier que le sphéroïde terrestre n'exerce une influence attractive sur les corps ambiants, qu'il ne les décompose et qu'il ne s'en pénètre; si ce n'est pour se les assimiler, dans quel but, alors?

4° Ils se développent et s'accroissent jusqu'à un terme particulier à chacun d'eux.

On verra dans l'un des chapitres suivants le mode d'accroissement du sphéroïde terrestre.

5° Ils ne conservent jamais les mêmes matériaux constituants; de sorte que leur tissu interne ne jouit pour ainsi dire que d'une existence momentanée, et se détruit à l'instant même où il se forme pour se reformer de nouveau, et ainsi de suite jusqu'à ce que des circonstances inappréciables ou inappréciées suspendent le jeu des affinités.

Ce principe ne peut s'appliquer qu'aux êtres organisés habitants de la terre; mais c'est encore une modification du genre d'existence du sphéroïde terrestre.

6° Ils laissent échapper des molécules entières de leur propre substance qui s'en détachent dans des circonstances plus ou moins limitées, de manière à les régénérer et à produire d'autres corps qui leur sont en tout semblables.

Cet effet offre encore une suite de la modification d'existence ci-dessus, dont on pourra au surplus avoir l'explication lorsqu'on aura des connaissances plus positives sur les pierres qui se forment dans l'espace et qui retombent sur la terre (les aérolites).

Les physiologistes annoncent encore que, dans le règne organisé, tout est soumis à une cause intérieure d'action qui modifie les propriétés des masses organiques; que les molécules de chaque corps ne sont point indépendantes comme dans la matière brute et inanimée; qu'elles ne subsistent point par elles-mêmes, mais qu'elles ne vivent que par rapport au tout; qu'elles ne sont rien sans l'ensemble, se détruisent d'elles-mêmes quand on les sépare; que tout tient à tout; qu'elles n'ont qu'une existence corrélative; que le corps vivant n'est qu'un assemblage d'harmonie, un cercle où tout s'enchaîne, où les rapports sont réciproques et continuels.

Selon eux, tout corps organisé jouit de la vie tant qu'il n'est point altéré dans sa conformation et ses organes; il est impossible de séparer de l'organisation les propriétés vitales, et lors même que la mort a frappé les animaux et les végétaux, quelques rayons de vitalité brillent encore dans leurs tissus non décomposés : les feuilles sèches, les peaux, les fibres d'un corps mort sont encore susceptibles de se resserrer, de se crisper, de se mouvoir, de s'agiter lorsqu'on leur applique de violents stimulants, tels que le feu, ou de se relâcher, ou de s'étendre par l'eau chaude, les délayants, etc. Ces propriétés, ajoutent-ils, ne sont pas seulement mécaniques, *puisqu'on ne voit rien de semblable dans les masses brutes et toujours inanimées.*

Cette assertion est une erreur de leur part, elle provient de cette division inexacte des corps organiques et des corps inorganiques. En effet, que l'on prenne, par exemple, une pierre calcaire ; c'est bien certainement, suivant les physiologistes, une substance *brute et inanimée* ; qu'on la soumette à l'action d'un réactif assez puissant pour agir sur elle (d'un acide), vous verrez cette prétendue substance inanimée se tuméfier, bouillir, faire ce que les chimistes nomment effervescence. La soumettez vous à l'action du feu, elle occupera plus d'espace en s'étendant, elle se dilatera, laissera échapper l'eau qu'elle contient, se volatilisera ; enfin elle se désorganisera et produira des effets qui prouvent que s'il n'est pas permis de dire qu'elle n'est point insensible aux applications étrangères qu'elle reçoit, on peut affirmer que cette substance que l'on a cru jusqu'ici brute et inanimée, n'est du moins point inerte.

Ce qui se passe dans cette expérience est une preuve aussi irrévocable de vitalité que celle produite ci-dessus à l'égard de la vitalité qui se manifeste encore lors même que la mort a frappé les animaux.

On a dit enfin qu'il règne la plus entière opposition entre les corps organisés et les corps inorganiques, qu'il existe un *hiatus* immense entre les uns et les autres, de telle sorte qu'il n'est point possible de trouver un motif raisonnable pour supposer que la nature les ait réunis, ou qu'elle passe des uns aux autres par une véritable nuance ; et si l'on consulte à ce sujet le Dictionnaire des sciences médicales, il présente au nombre de neuf les lois fondamentales de la forme organique des corps vivants, et de la manière suivante :

1° Les contours sont arrondis et jamais anguleux ;

2° La dimension en longueur l'emporte sur les deux autres ;

3° L'organisme a une forme rayonnée ;

4° Les rayons s'anastomosent entre eux ;

5° Ils ne sont point droits, mais presque toujours ils affectent une courbure plus ou moins sensible ;

6° Il y a de l'analogie entre les divers organes ;

7° Le corps est construit d'une manière symétrique ;

8° Aucun organe n'a exactement les mêmes qualités à toutes les époques de la vie ;

9° Enfin la forme de l'organisme humain offre certaines particularités qui la distinguent de toutes les autres et qui font de l'espèce humaine un groupe spécial.

En méditant sur ces lois on reconnaît qu'elles peuvent s'appliquer au sphéroïde terrestre, sauf les modifications provenant des différences des existences des uns et des autres ; mais puisque parmi les corps organisés l'organisme humain offre des particularités qui le distinguent, pourquoi n'en admettrait-on pas aussi pour le sphéroïde terrestre ?

L'hiatus que l'on prétend dès lors exister entre les corps organisés et les corps inorganiques n'est point aussi immense qu'on l'annonce.

Les physiologistes, afin de se reconnaître dans leurs classifications, ont bien pu admettre des corps organisés et des corps inorganiques qu'ils ont nommés matière brute ou inerte ; mais convenons qu'ils n'ont point apporté assez d'exactitude ou de rigueur dans leurs observations, en mettant en parallèle des minéraux qui ne sont que des *parties simples détachées du grand tout*, avec des êtres qui forment chacun séparément un tout jusqu'à un certain point indépendant. Comme il est facile de démontrer que les facultés physiques des corps organisés ne sont que des modifications plus ou moins notables des propriétés générales de la matière, convenons que, malgré la distinction que les physiologistes ont établie, les corps organisés ne peuvent être séparés du système général du globe, qu'ils n'en sont point indépendants, qu'ils sont subordonnés au grand tout, que leur vie est coexistante aux matières brutes, sans l'appui ou la protection desquelles elle cesserait d'avoir lieu.

Il en résulte que le sphéroïde terrestre est le premier anneau de la chaîne non interrompue qui lie étroitement tous les êtres animés les uns à la suite des autres avec la plus admirable gradation.

Concluons enfin qu'au lieu d'être une matière inerte, un corps inorganique, le sphéroïde terrestre présente au contraire une grande partie des propriétés attribuées aux corps organisés; qu'il est soumis lui-même aux lois fondamentales par lesquelles ils existent, et que c'est au contraire de lui que les corps organisés reçoivent les propriétés qu'on leur a reconnues.

En effet, ils n'ont point été créés pour lui, mais il a été formé pour eux, car sans le sphéroïde terrestre aucun d'eux n'existerait, tandis qu'il peut très-bien exister sans eux. Que toutes les races animées, que tous les corps organisés disparaissent de sa surface, il n'en roulera pas moins dans l'immensité, sa marche n'en sera ni ralentie ni plus rapide, les nuits succéderont aux jours, sa température ne sera point changée, tous les phénomènes qui s'y passent aujourd'hui continueront d'exercer le même mode d'action; tandis que d'un autre côté une centième partie d'oxygène ou d'azote soit enlevée de l'atmosphère, toutes les races animées s'éteindraient aussitôt et tomberaient sans vie, comme l'oiseau placé sous le récipient d'une machine pneumatique.

Il était au surplus très-naturel que les observations des savants se portassent d'abord sur les corps organisés qui s'offraient à leur vue et sur lesquels ils pouvaient fixer toute leur attention; mais il ne faut point que, par un aveuglement injuste, nous refusions de reconnaître que ces corps créés après, et aux dépens du sphéroïde terrestre, puisqu'ils sont composés des mêmes substances élémentaires, lui sont redevables des propriétés qu'on leur accorde.

En effet, de quelles matières l'homme est-il composé? Ses parties solides sont de la chaux ; de l'oxyde de fer circule dans son sang et le colore ; des acides et des gaz sont dans tout son système organique : l'homme n'est donc qu'un *minéral animé* ; c'est pourtant le chef-d'œuvre de l'organisation.

Après avoir reconnu que les principes posés par les physiologistes pour reconnaître et distinguer les corps organisés des autres corps de la nature peuvent s'appliquer au sphéroïde terrestre , je vais examiner quels sont *les caractères* particuliers qui les constituent.

CARACTÈRES

DES CORPS ORGANISÉS.

Les corps organisés se distinguent par plusieurs grands caractères dont l'ensemble constitue la vie animale ou végétale. Ces caractères sont : la *sensibilité*, la *contractilité*, la *caloricité* et la *motilité*, dont les foyers principaux sont pour les animaux le cerveau, le cœur, les poumons, l'estomac.

Pour les végétaux, les feuilles, les collets des racines, les fleurs, les nœuds et les articulations des feuilles.

Il résulte de ces caractères les fonctions suivantes : 1° l'absorption ; 2° la circulation ; 3° les sécrétions ; 4° la nutrition.

Nous examinerons ces fonctions dans les chapitres suivants, celui-ci étant destiné aux caractères des corps organisés. Nous allons les traiter successivement.

DE LA SENSIBILITÉ.

La sensibilité est la faculté en vertu de laquelle les animaux sont avertis de la présence et de la qualité des corps qui les avoisinent. On se sert de ce mot pour désigner toutes les coopérations nerveuses accompagnées de mouvements visibles ou probables, avec ou sans conscience de la part du sujet; ainsi, on a admis deux espèces de sensibilité : l'une avec conscience, ou animale ou de relation ; l'autre sans conscience, ou organique ou nutritive.

En somme, la sensibilité est une des qualités des êtres qui peuvent éprouver des sensations des parties organiques qui en conduisent ou en procurent; c'est la propriété de sentir ou d'être affecté par les corps extérieurs, sans que le corps sensible qui en reçoit l'impression en raisonne l'effet (1).

D'après cette définition, pourquoi le sphéroïde terrestre ne sentirait-il point? car sentir n'est point juger, c'est seulement percevoir.

On ne peut, en physiologie, admettre de correspondance d'action agréable ou pénible que par l'intermède des nerfs; alors on demandera quels sont les nerfs du sphéroïde terrestre. (C'est ce que j'essayerai d'expliquer

---

(1) Cette définition est celle que donne le *Dictionnaire des sciences médicales.*

lorsque je traiterai de l'appareil et du fluide nerveux.)
Il est toutefois à considérer que dans les animaux une
foule de correspondances sympathiques ont lieu sans
qu'on aperçoive les nerfs qui en sont conducteurs; on
concevra que des phénomènes analogues peuvent avoir
lieu dans le sphéroïde terrestre; les plantes qui sont des
corps organisés ont une sensibilité peu développée à la
vérité; on ne connaît point leur appareil nerveux, mais
on ne peut nier qu'elles ne soient sensibles au froid, à
la chaleur, à la sécheresse, à l'humidité, non-seulement
à toutes les variations de l'atmosphère, mais encore à la
nature des sols auxquels elles sont fixées. Tout porte à
penser qu'il en est de même du sphéroïde terrestre;
n'éprouve-t-il point le besoin impérieux de la lumière,
sans l'existence de laquelle la vie s'éteindrait bientôt à
sa surface, et ne peut-on point appeler sentiment cet
irrésistible besoin qui le porte à la rechercher en lui
présentant successivement ses faces par une rotation
diurne? Ne serait-ce point le *stimulus* que le fluide lumi-
neux exerce sur tous ses points qui produit sa marche
en excitant en lui la sensibilité nécessaire pour effectuer
sa rotation, sa locomotion ou son changement de place?

Les tremblements de terre ne peuvent-ils pas encore
donner lieu de présumer que le sphéroïde terrestre a
cette faculté dont jouissent les corps organisés d'être
affectés désagréablement peut-être par d'autres corps.

Concluons de ce qui vient d'être exposé : 1° que la
sensibilité est plus caractérisée dans les animaux chez
lesquels elle a développé des sens dans les appareils
visuel, auditif, olfactif, gustatif et tactile. Il en résulte
que les animaux imparfaits semblent plus végéter que

sentir, tandis que les races d'une organisation plus compliquée ou plus parfaite vivent, sentent et connaissent ;

2° Que dans les plantes elle ne paraît exister que sous le mode d'une irritabilité contractile organique ;

3° Que dans le sphéroïde terrestre la sensibilité est obscure, qu'il n'en a point la conscience, que ses effets ne produisent point les sensations ; enfin qu'il n'a point de sens externes, mais qu'il éprouve des sensations internes qui lui sont indispensables ainsi qu'aux autres corps organisés vivants, afin d'exciter les fonctions que ses organes doivent remplir.

Ne perdons point de vue que la nature, dans ses créations, a toujours marché du simple au composé (1).

―――――――――――――

(1) Il ne serait peut-être pas hors de propos de faire connaître ici à mes lecteurs l'ordre dans lequel les créations ont pu s'opérer successivement sur le globe.

En acceptant la théorie de M. Poisson, d'après laquelle le globe terrestre parcourrait dans l'espace des zones de températures différentes, ne pourrait-on pas admettre que lors de sa formation, le sphéroïde terrestre a été doté par la nature de tous les germes des divers types d'organisation, mais que les germes de tel ou tel type, ou même de telle ou telle classe, ne se développent que dans des circonstances particulières et dans des conditions convenables ? Il en serait résulté que selon les circonstances et selon les combinaisons des molécules organiques avec le calorique et avec les fluides électriques, galvaniques et autres milieux ambiants dans l'espace que nous ne connaissons pas, il serait arrivé que des êtres qui ne se perpétuent aujourd'hui que par la génération, ont été produits spontanément par la seule énergie de la nature plus active, et qu'ils se sont

Le sphéroïde terrestre ayant été la première créature du globe, a dû recevoir aussi l'organisation la plus simple, il n'a dû être doué que d'une sensibilité obscure, parce qu'il n'avait pas besoin de sens externes pour se défendre, ainsi que les animaux, des objets qui auraient pu lui être nuisibles, ni pour se rapprocher de ceux qui auraient pu lui être nécessaires. D'un autre côté, les sens sont sujets à tromper, il faut souvent que l'un rectifie les erreurs de l'autre, ce qui eût été d'une conséquence immense. Marchant toujours dans une même ligne circulaire, sur laquelle il ne devait point rencontrer d'obstacles, il n'avait pas besoin de sensations dont la conscience lui eût fait naître des idées; son existence devait être pour ainsi dire mécanique; mais ce mode particulier d'existence n'est pas moins une vie, il n'en est pas moins soumis aux lois principales des corps organisés ayant vie; bien plus, il en est le type.

---

ensuite partagés en mâles ou femelles, selon la disposition de leurs molécules organiques.

Sous telle condition, dès lors, il se sera formé le type des *rayonnés*, et, par suite, des infusoires, des polypes, des échinodermes; sous telle autre condition, le type des *articulés*, et, par suite, des crustacés, des annélides, des arachnides, des insectes. Dans une autre circonstance favorable, il se sera formé le type des *mollusques*, et, par suite, les différentes classes et les genres qu'on y a reconnus. Enfin, sous telle autre condition, le type des *vertébrés* aura été formé, et, par suite, les poissons, les reptiles, les oiseaux, les mammifères et l'homme.

Chacun de ces types aura d'abord été formé par une génération spontanée; ensuite ils se seront perpétués en se divisant en classes, en genres, en espèces, par des circonstances particulières résultantes des températures, des localités, de la nourriture, du croissement des races, etc., etc.

Il existe par les mêmes principes ; seulement leur application est plus simple, parce que si l'organisation du sphéroïde terrestre eût été aussi compliquée que celle des autres corps organisés, elle eût été plus susceptible de varier dans ses effets, et que si elle se fût dérangée, elle n'eût point rempli le but de la nature qui était la production et la conservation de la multitude des races qui l'habitent.

DE LA CONTRACTILITÉ.

La contractilité employée chez les animaux, d'abord aux seuls mouvements de progression du corps, est aussi appliquée à la nutrition. Elle devient de cette manière la source d'une force qui chasse les liquides, les dirige, et les transporte dans toutes sortes de directions.

Cette faculté n'est point refusée au sphéroïde terrestre qui doit avoir une sensibilité latente intérieure, obscure pour nos sens, mais en vertu de laquelle chacune des parties est émue à sa manière par les liquides ou les substances avec lesquelles sa masse intérieure se trouve en contact.

Les résultats des tremblements de terre et des éruptions volcaniques prouvent assurément l'existence d'une certaine contractilité en vertu de laquelle ses parties se resserrent ou se dilatent pour effectuer le transport des fluides ou des matières qui sont le produit des éruptions. Il doit donc jouir d'une certaine contractilité, et les pièces qui composent l'écorce solide du globe, disposées comme une sorte de mosaïque, ne permettent point de douter de sa contractilité.

DE LA CALORICITÉ.

En procédant méthodiquement dans l'étude de l'animation d'un être, on voit qu'après la faculté de sentir, ou susceptibilité de vivre, la *caloricité* se développe.

Elle est la propriété inhérente aux seuls corps organiques d'entretenir en eux par l'action vitale une *chaleur supérieure* à celle des corps qui les environnent.

Cette propriété, bien reconnue dans les animaux, est constatée pour le sphéroïde terrestre par les physiciens et les géologues, qui ont vérifié qu'à mesure que l'on descendait dans l'intérieur de la terre, la température s'élevait à des degrés infiniment supérieurs à celle de l'atmosphère.

Ce n'est donc plus un problème à résoudre que de savoir si le sphéroïde terrestre possède une *chaleur qui lui est propre, et supérieure à celle des corps qui l'environnent.* C'est un fait reconnu, constaté, l'observation et l'expérience ont décidé l'affirmative. M. Élie de

Beaumont a dit dans sa leçon du 22 septembre 1846 :
« La chaleur est le principe de tous les mouvements qui
» ont eu lieu dans le globe, et lorsque le globe s'est
» formé, il n'a pas eu besoin d'emprunter au soleil la
» chaleur qui lui est propre, il a suffi de la réunion des
» substances qui le composent, et probablement des
» réactions chimiques qu'ils ont exercées les uns sur les
» autres ; ensuite s'y sont jointes les actions électro-chi-
» miques, magnétiques, galvaniques, etc., qui ont dé-
» terminé le mouvement des atomes et qui ont produit
» la chaleur. » Le sphéroïde terrestre jouit donc de cette
propriété inhérente *aux seuls corps organisés*, la *caloricité*.

Il paraît encore que c'est au calorique que le sphéroïde terrestre doit, ainsi que tous les corps organisés,
en grande partie son existence ; il doit en outre sa
marche à l'action de la caloricité, car en supposant que
le calorique cessât d'exister sur le globe, cette circonstance apporterait aussitôt dans le mode d'être du
sphéroïde terrestre un changement immense, et particu-
lièrement dans sa marche. Toutes les parties qui le constituent aujourd'hui étant dilatées par le calorique qui
le pénètre se rapprocheraient, elles deviendraient plus
compactes, et en occupant moins de place dans le
grand espace, elles seraient plus lourdes comparativement à leur volume ; alors le grand corps céleste, au
lieu de rouler sur lui-même, ou tomberait comme une
masse, ou bien cesserait d'avoir la marche régulière que
nous lui connaissons.

On ne peut donc refuser au sphéroïde terrestre la
caloricité, l'un des principaux caractères des corps or-

ganisés, puisqu'il possède cette faculté à un degré émi-
nemment supérieur à toutes les autres créatures vivantes.

DE LA MOTILITÉ

ou

MOUVEMENT VITAL INTÉRIEUR.

La motilité résulte naturellement de la sensibilité et
de la caloricité; c'est un mouvement intérieur ou vital
qui dépend de la disposition des diverses parties de
l'être organisé, et qui manifeste l'impression que reçoit
tel ou tel appareil de ses organes. Différente de la locomotion ou mouvement mécanique, la motilité est une
propriété de la fibre organisée, qui se forme et s'entretient par excitation et non par communication; cette
cause ne dépend nullement des corps qu'elle vivifie, elle
précède leur existence et subsiste après leur destruction;
elle se trouve dans les milieux qui les environnent, et
y varie dans son intensité suivant les lieux, les saisons
et les climats; elle a besoin pour agir de deux conditions indispensables, la chaleur et l'humidité; elle détermine les mouvements de la vie tant que l'état des parties le lui permet, et elle cesse d'animer les corps
vivants, lorsque cet état s'oppose à l'exécution des
mouvements qu'elle excitait.

Telle est (suivant Lamarck) la définition du mouvement intérieur ou vital tout à fait différent du mouvement extérieur ou mécanique des corps organisés.

On ne peut nier qu'il ne se passe dans la masse intérieure du sphéroïde terrestre des mouvements très-diversifiés, très-multipliés et des mouvements continuels.

1° Les parties gazeuses qui sont à sa surface sont perpétuellement en mouvement de l'intérieur à l'extérieur.

2° Les parties liquides, la mer, les fleuves, les rivières sont non-seulement en mouvement à sa surface, mais encore elles pénètrent à des profondeurs considérables, d'où elles reviennent à la superficie par les sources, les fontaines, les puits artésiens, etc.

3° L'examen de la croûte minérale du sphéroïde nous fait connaître que les couches qui la composent ont été déplacées, modifiées, altérées par des décompositions et des recompositions successives, résultats des mouvements qu'elles ont éprouvé, soit par des tremblements de terre, soit par des enfoncements de terrains, soit par des élévations de montagnes, soit par des masses éruptives et d'intrusion.

4° La masse centrale doit être agitée par des mouvements plus violents encore, si l'on en juge par les éruptions volcaniques.

5° L'action des fluides électrique, magnétique (1),

---

(1) L'action des fluides électrique, magnétique, etc., est entre-

qui existent dans les plus grandes profondeurs du globe, qui pénètrent les diverses substances minérales, et dont on y reconnaît la présence lors même qu'elles sont arrachées à leur gîte.

6° Enfin, le calorique auquel le sphéroïde doit vraisemblablement la faculté qu'il a de se mouvoir en totalité, ainsi qu'on l'a vu à l'article caloricité.

Toutes ces actions diverses ne permettent point de douter que tout est en mouvement dans le sphéroïde terrestre, qui, aux yeux de ceux qui n'ont point observé, paraît dans un état d'immobilité ou d'inertie.

Quels sont donc ces mouvements continuels intérieurs? Dira-t-on qu'ils sont mécaniques? N'y doit-on pas reconnaître un véritable mouvement vital des agents que la nature a placés dans le centre du globe, pour entretenir par l'excitation toutes ses parties dans l'état nécessaire à son existence?

---

tenue dans le sphéroïde terrestre par l'influence solaire qui en modifie et en déplace sans cesse de grandes masses, qui les contraignant ainsi à des mouvements divers, établit dans le sphéroïde une sorte de circulation particulière.

(1) M. Élie de Beaumont a dit, dans sa leçon du 22 décembre 1846, au Collège de France : « Les tremblements de terre sont dus peut-être à des mouvements intérieurs du globe. » S'il a des mouvements, il a donc des organes.

FONCTIONS
DES CORPS ORGANISÉS.

———

Tous les corps de la nature remplissent des fonctions puisque tous exécutent des actions en vertu desquelles ils ont la faculté de se conserver. En physiologie et en histoire naturelle on n'applique ce mot qu'aux actions des corps doués du mode particulier d'activité qu'on désigne sous le nom de vie. Les fonctions sont alors les actions, ou les mouvements qui ont lieu dans le mécanisme des parties d'un organe, ou d'un système d'organes, et dont le résultat est l'acte que cet organe a ainsi la faculté de produire. Les fonctions sont donc les actions que les solides organiques exécutent en vertu d'un mécanisme particulier, elles sont prodigieusement variées selon les êtres organisés; on les voit se modifier, se multiplier à mesure que l'organisation devient moins simple. Enfin en appliquant ce mot aux phénomènes de la vie on en a abusé, puisqu'il ne peut servir qu'à désigner la cause de ces actes, c'est-à-dire les actions vitales.

Après avoir examiné les caractères qui distinguent

les corps organisés des corps inorganisés , et après avoir reconnu que ces mêmes caractères peuvent être appliqués au sphéroïde terrestre, il est convenable d'examiner si les fonctions générales que les corps organisés exercent, et qui sont une nouvelle source de différences entre les masses brutes et les êtres vivants , peuvent être également exercées par le sphéroïde terrestre.

On nomme fonction l'exercice libre et facile de toute partie animée , l'ensemble des fonctions bien exécutées constitue la vie. On doit considérer comme la première de toutes la *propriété active*.

1° Les êtres vivants sont donc pourvus d'une *propriété active* qui les fait résister par une réaction intérieure, pendant un temps plus ou moins long, à leur destruction. S'il n'en était pas ainsi à l'égard de notre globe, est-ce qu'il ne subirait point la loi de décomposition à laquelle toutes ses parties sont sans cesse exposées sous l'influence de la circulation intérieure des fluides qui le pénétrent, et sous celle des météores atmosphériques, et qui ont une telle puissance que , malgré la propriété active du sphéroïde terrestre , ils parviennent à désagréger et à décomposer le granite et les roches les plus dures? Sans la propriété active dont il s'agit est-ce que les masses d'eau immenses et stagnantes qui couvrent le globe ne se décomposeraient point? il jouit donc certainement et sans aucun doute de cette *propriété*.

2° Les corps organisés ont un *accroissement graduel* qui se fait du dedans au dehors, qui développe successivement leurs organes jusqu'à un point déterminé et fixe qu'ils ne peuvent surpasser ; ensuite ils se détruisent peu à peu sans pouvoir s'en défendre, de sorte que leur existence a des phases réglées, des périodes constantes de jeunesse, d'âge adulte et de vieillesse, dont la cause est dans leur être.

Ces conditions sont encore très-applicables au sphéroïde terrestre qui, bien certainement, n'a point été formé d'un seul jet, ainsi que l'atteste le nombre prodigieux des couches qui le composent et qui prouvent dès lors incontestablement un accroissement graduel. Cet accroissement n'a pu avoir lieu sans qu'il porte en lui-même une cause de vitalité qui a dû produire les phases réglées de jeunesse, d'âge adulte, et qui s'éteignant progressivement par la succession des siècles doit amener celle de la vieillesse.

3° On établit encore comme *règle exclusive* que tous les êtres organisés ont besoin d'une certaine quantité d'air pour respirer, mais que les substances minérales n'ont aucun besoin d'air pour exister.

Les substances minérales ne paraissent avoir aucun besoin d'air pour exister, parce qu'on ne les considère toujours que partiellement et isolées de leur ensemble. Un fragment d'os ou de coquille, pris isolément, n'aurait de même pas besoin d'air pour exister; mais qu'on le rattache par la pensée à l'animal dont il dépend, il rentrera dans la condition générale. Dira-t-on au surplus que le sphéroïde terrestre n'a pas besoin d'air? mais il s'en sature continuellement, il est tellement nécessaire à son existence qu'il habite dans l'air, qu'il lui présente toutes ses surfaces, qu'il s'y roule sans cesse; c'est un être tellement aérien que l'air paraît lui être plus indispensable que la nutrition. J'en conclus que si le besoin d'air pour existe est une *règle exclusive* aux corps organisés, le sphéroïde terrestre remplit parfaitement cette condition ; c'est donc un être organisé ayant vie et respirant, pour ainsi dire, par imbibition.

4° Les corps organisés *naissent tous d'un être constamment semblable à eux*. Ce fait est vrai pour le plus grand nombre ; mais c'est par une extension forcée qu'on attribue la même origine à tous. Ainsi que l'expose l'auteur de l'article *Génération* du *Dictionnaire des sciences médicales*, il faut reconnaître que dans la nature entière la formation d'un corps est due à la réunion d'un certain nombre de molécules, et que cette réunion a lieu dans des circonstances de plus en plus limitées, en sorte qu'elle finit par se renfermer entre des bornes si étroites, ainsi qu'il arrive chez les êtres les plus complexes, que c'est dans un lieu particulier du corps de ces derniers qu'elle a lieu. Aussi n'y a-t-il rien de plus mécanique dans la formation d'un cristal que dans celle d'un être organisé, et l'on ne peut même s'empêcher de reconnaître, dans le premier cas, quelque chose qui ressemble beaucoup à la vie, dans le moment court, pour ainsi dire spontané, où l'attraction s'exerce entre les molécules constituantes. A la vérité, aussitôt que le cristal est produit, le mouvement s'arrête et le produit de l'acte paraît inerte, mais il ne l'est point, car ce cristal ne peut persister que par l'action non-interrompue de la cause qui l'a provoqué.

Si dans les corps organisés le mouvement persiste après la création, cela tient à la variabilité des combinaisons et à la nécessité de l'exercice des phénomènes

vitaux, pour l'individu organisé, ce qui n'est point nécessaire dans le cristal, et si les minéraux ou corps
inorganisés paraissent indépendants les uns des autres
dans leur succession, c'est qu'ils ne sont eux-mêmes
qu'une très-petite partie accessoire d'un tout immense,
et qui n'a cette apparence d'existence que comme un
poil ou une verrue, ou tout autre signe accessoire sur
notre peau.

La génération des mondes étant le secret de la nature
que l'intelligence humaine n'a pu jusqu'ici pénétrer, je
suis consciencieusement forcé d'avouer que je ne puis
appliquer au sphéroïde terrestre le principe que les corps
organisés naissent tous d'un être constamment semblable à eux; j'ajouterai même que sa génération n'a
vraisemblablement point été spontanée comme celle de
la conception d'un autre être organisé, attendu que
lorsque tous les éléments qui composent le globe se seront trouvés rassemblés et dans des circonstances nécessaires à leur réunion, il aura fallu pour opérer cette
formation immense un temps relatif à son prodigieux
volume, comme il faut plus de temps à l'autruche qu'à
la serine pour déterminer par son incubation le développement du petit être que son œuf contient. L'incubation de la nature, si je puis me servir de cette expression, aura duré vraisemblablement des siècles, des
millions d'années peut-être; mais qu'est-ce que cela
dans l'éternité des temps que la nature possède pour ses
opérations? La durée du temps n'influe en rien ici sur
le problème que je cherche à résoudre; et malgré que je
ne puisse appliquer ici rigoureusement à la génération
du sphéroïde terrestre le principe que les corps organisés naissent tous d'un être semblable à eux, le prin-

cipe de la conception aura pu être le même, à la différence des temps et de la paternité près, puisque le résultat est le même que pour les corps organisés ; c'est l'application des lois générales et immuables de la nature avec les modifications qu'elle est susceptible d'admettre par tant de variétés dans ses opérations (1).

Toutefois, on ne peut nier que le sphéroïde terrestre n'ait donné la vie à toutes les premières races et à tous les corps organisés qui ont existé à sa surface ; que c'est bien de lui qu'ils ont reçu ce principe vital qui les a organisés, et dont il est ou le foyer, ou le principe conservateur, ou le dispensateur ; si donc le sphéroïde terrestre a produit des êtres organisés, ce sont ces derniers qui sont nés d'un *être semblable à eux*. En effet, quelles sont les substances qui composent l'être organisé ? ne retrouve-t-on point dans ses éléments toutes les substances minérales qui existent dans le globe, et à tel point que l'on peut affirmer que l'homme, qui paraît la créature la plus parfaite du globe, n'est lui-même qu'un minéral animé, ainsi que je l'ai dit au chapitre des Corps organisés (*voyez* à l'article Assimilation) ?

Ce principe confirme donc encore ce que je cherche à démontrer, que le sphéroïde terrestre est un être aussi organisé que les êtres vivants qu'il a produits, sans accouplement, à la vérité, mais par une force de fécondation particulière (ainsi que cela a lieu dans des espèces d'êtres vivants), force due aux circonstances dans lesquelles la nature se trouvait alors sur le globe.

---

(1) *Voy.* au surplus l'article Génération de cet ouvrage.

Après avoir traité dans cet article des fonctions, en général, des corps organisés, nous allons examiner séparément chacune des fonctions en particulier, et juger si l'analogie permet d'admettre que le sphéroïde terrestre exerce ces fonctions. On verra qu'elles ont pour but l'entretien et l'accroissement des corps organisés. La manière dont ces fonctions s'exécutent varie extrêmement, et c'est dans cette diversité infinie de fonctions chez tous les êtres, que je suis parvenu, en les comparant ensemble, à reconnaître celles que le sphéroïde terrestre (être d'un genre tout particulier) exerce pour son entretien et sa conservation.

DE L'IRRITABILITÉ.

L'irritabilité est la propriété que la nature a donnée à certains corps de se mouvoir d'eux-mêmes principalement lorsqu'on les touche. L'irritabilité diffère de la sensibilité en ce que l'étendue de l'une de ces facultés dans les diverses classes d'animaux est pour ainsi dire en raison inverse de l'étendue ou de l'intensité de l'autre ; c'est-à-dire que dans ceux où la sensibilité est presque nulle, l'irritabilité est très-remarquable ; par exemple, elle est très-faible dans l'homme et dans la plupart des quadrupèdes, tandis que chez la grenouille, la vipère, l'anguille, les viscères donnent encore des signes d'irritabilité après la mort de l'animal.

Si l'irritabilité est ainsi définie par les physiologistes,

la propriété que la nature a donnée à certains corps de se mouvoir d'eux-mêmes, on ne peut nier que le sphéroïde terrestre n'ait cette propriété, car il se meut bien de lui-même. En vain on prétendrait alléguer qu'il la doit aux effets du soleil, ce qui ne serait qu'un mouvement mécanique, et il ne l'est point. Cette attraction ou cette répulsion du soleil est bien plutôt l'effet d'un corps qui vient toucher le sphéroïde sur tous ses points extérieurs, et qui, excitant son irritabilité jusque dans sa masse centrale, le force d'obéir à cette loi.

Lamarck et plusieurs autres célèbres botanistes et physiologistes ont regardé comme un effet mécanique ou mécano-chimique l'irritabilité des plantes, qui sont cependant des corps organisés vivants. C'est que cet effet de l'irritabilité, soit qu'il se produise sur des corps organisés vivants, soit qu'il s'exerce sur des corps qui ont cessé d'exister, n'est réellement qu'un effet mécanique ou mécano-chimique ; car comment expliquer autrement l'effet du fluide galvanique sur l'homme qui a cessé de vivre, et qui détermine un mouvement tel dans son irritabilité, qu'il fait remuer les parties que l'on soumet à son action ?

Si le sphéroïde terrestre, en obéissant à la loi d'attraction, n'éprouvait que l'effet d'un mouvement mécanique, il faudrait, pour qu'il durât toujours, qu'il existât un mouvement perpétuel, et il est reconnu qu'il ne peut point y avoir en mécanique de mouvement perpétuel, que la force ou l'impulsion qui le donne doit s'arrêter par la perte de cette force ; il est bien plus naturel de penser que le sphéroïde terrestre, ainsi que les autres corps organisés vivants, obéit à la cause sans cesse

renaissante qui excite son irritabilité et détermine jusque
dans sa masse centrale une action soit magnétique, soit
galvanique, soit électrique, qui perpétuera son mouvement jusqu'à ce que les circonstances qui le produisent
venant à cesser, ce mouvement finirait, ce qui ne doit
avoir lieu que lorsque sa vie s'arrêtera.

DE LA RESPIRATION.

En physiologie générale, la respiration est l'application de l'air atmosphérique aux corps vivants ; elle paraît être destinée à réparer chez eux une partie des pertes
causées par l'exercice des fonctions vitales, qui non-seulement consomment une certaine quantité de matière,
mais encore altèrent la combinaison de ce qui reste, et
lui font perdre la faculté de servir désormais au même
usage. Cette fonction pourrait être comparée à une espèce de digestion ; en effet, la respiration est une fonction de nutrition qui concourt à la conservation et au
renouvellement du matériel des corps.

La respiration est encore une sorte de combustion qui
doit avoir pour objet de rendre au sang de l'être vivant
le calorique qu'il perd sans cesse par le rayonnement
de sa chaleur propre dans l'atmosphère qui l'environne.

Tout ce qui est vivant respire plus ou moins ; la nécessité de l'introduction de l'air dans les humeurs des
corps organisés, est prouvée par l'universalité de la
respiration. Pour bien saisir l'influence de cette fonc-

tion dans l'économie animale, il faut la considérer dans les différentes classes ; on reconnaîtra alors que l'activité de la vie est en raison directe de l'intensité de l'acte respiratoire, car tant qu'un animal ne respire point, sa vitalité demeure insensible. Les animaux les plus actifs, les plus forts et les plus animés sont ceux chez lesquels la respiration est plus développée.

La peau est reconnue par les physiologistes pour être un organe de respiration ; elle absorbe une petite portion d'air ; elle est en rapport sympathique avec les autres organes respiratoires, et semble les suppléer en certains cas dans plusieurs animaux. La transpiration cutanée coïncide avec la transpiration pulmonaire ; en effet, les poumons ou les branchies des animaux ne semblent être qu'une peau très-repliée afin de tenir, dans le moindre espace possible, sa grande surface. Si l'animal avait assez d'étendue et de grandeur pour présenter toute cette surface à l'air extérieur sans qu'il entrât plus de matière dans son corps, il n'aurait pas besoin de poumons, il respirerait par tous les pores de sa peau. Un homme pesant cent cinquante livres offre environ quinze pieds de surface, mais si son volume pouvait s'enfler assez pour présenter encore les quinze cent pieds de surface qu'on suppose exister dans ses poumons, alors il n'aurait plus besoin de cet organe qui serait déployé à l'entour de son corps. Le poumon est donc une peau intérieure et plissée qui supplée à l'énorme développement qu'exigerait une respiration seulement cutanée.

Voilà du moins ce que les ouvrages de physiologie rapportent sur la fonction de la respiration. Ne peut-on déduire de ces faits reconnus, que le sphéroïde terrestre est un être organisé énorme qui respire par imbibition, ainsi que je l'ai dit au chapitre des fonctions des corps organisés? Cette fonction pourrait donc s'exercer par tous les pores de sa surface. D'après ce mode particulier de respiration, ses liquides représentés par les mers, les fleuves et les rivières, viennent à l'instar des vaisseaux sanguins et lymphatiques ramper sur la surface pour s'y mettre en contact avec l'air atmosphérique.

Oui, le sphéroïde terrestre absorbe l'air, car il s'en trouve dans les interstices de la terre; les cavernes profondes en contiennent, puisqu'il existe des courants d'air dans l'intérieur de la terre comme il y existe des courants d'eau souterrains.

Enfin si l'objet de la respiration est de mettre en contact l'air atmosphérique avec l'appareil circulatoire, le globe terrestre exerce aussi cette fonction, et l'on doit s'en convaincre en réfléchissant que les végétaux de toute nature, dont une grande partie de la terre est couverte, ont pour objet d'absorber sans cesse par leur feuillage les gaz de l'atmosphère pour les porter par les racines dans le réservoir commun; ne sont-ce point là les fonctions que remplissent les branchies dans un grand nombre d'animaux? Tel est donc encore l'appareil respiratoire du sphéroïde terrestre, et il n'est pas possible de ne point en être persuadé quand on réfléchit que les plantes qui ont absorbé par une sorte d'inspiration l'air atmosphérique pendant le jour, rendent pendant la nuit les gaz qu'ils n'ont point appropriés à leur existence par une fonction tout à fait semblable à celle de l'expiration chez les êtres vivants.

On peut conclure de ce qui vient d'être exposé, que le sphéroïde terrestre respire non-seulement par sa surface immense, mais encore à l'aide des forêts et des grands végétaux, qui remplissent à son égard les mêmes fonctions que les branchies dans la classe des animaux qui en sont pourvus (1).

---

(1) L'auteur de l'article Montagnes du *Dictionnaire d'histoire naturelle* annonce que tout le porte à croire que les montagnes sont à l'égard des corps planétaires des excroissances qui paraissent être essentielles à leurs fonctions. Il ajoute que les montagnes de la lune ont deux fois la hauteur des Cordillières, et que celles de Vénus ont jusqu'à vingt-deux mille toises d'élévation. Qu'enfin, il pense que ces protubérances sont des espèces d'organes de ces grands êtres qui leur servent au même usage que les trachées dans les animaux et les végétaux.

Je ne partage point cette opinion, ainsi qu'on vient de le lire dans ce chapitre. Les montagnes sont *nécessaires* à la vie générale sur le globe, parce que s'il n'y en avait pas, les eaux l'auraient couvert dans toute sa surface; alors il n'aurait pu s'y développer que des plantes et des animaux aquatiques. Mais toujours est-il que nous nous trouvons au moins d'accord sur la fonction de la respiration exercée par le sphéroïde terrestre; que ce soit au moyen d'un organe ou d'un autre, les connaissances que l'on acquerra dans la suite résoudront le problème. Nous différons ensemble, parce que l'auteur de l'ouvrage dont il s'agit a voulu expliquer le fait physiquement; il n'avait vraisemblablement point les connaissances anatomiques nécessaires pour le décrire physiologiquement, ce que je fais aujourd'hui. Je pense que l'analogie des végétaux avec les branchies établit d'une manière plus rationnelle le mode de respiration du sphéroïde, qui s'exercerait par une fonction parfaitement analogue à ce qui se passe chez tous les êtres organisés respirant par des branchies.

DE LA CIRCULATION.

La respiration suppose la circulation ; dès que nous avons admis la première fonction , la seconde doit avoir lieu dans le sphéroïde terrestre.

Les physiologistes désignent sous le nom de circulation le mouvement continuel du sang , qui du cœur passe par les artères dans toutes les parties du corps , d'où les veines le ramènent ensuite à son point de départ. On aperçoit les premières traces de la circulation chez les insectes , mais elle y est réduite à ses plus simples éléments , car elle ne consiste qu'en une sorte de flux et de reflux dans le vaisseau dorsal. On la trouve plus parfaite et de plus en plus compliquée dans les annelides , les crustacés et les mollusques. Une progression analogue , mais beaucoup moins sensible , s'observe en remontant des poissons aux reptiles , aux oiseaux et aux mammifères.

La plupart des variations qu'on remarque dans cette longue série ne dépendent toutefois que des différences de structure et de disposition du cœur qui peut être unique ou multiple (1) , et qui , en outre , peut être destiné à lancer soit seulement du sang veineux ou du sang artériel , soit un mélange des deux liquides , car on trouve toutes ces combinaisons dans le règne animal. Cependant quelques-unes aussi sont l'effet de la dispo-

____

(1) Cours de paléontologie de M. Bayle , à l'École des mines.

sition des organes de la respiration, qui toujours existent dès l'instant où l'on voit paraître ceux de la circulation, et dans lesquels la circulation est chargée de conduire tout ou partie du sang ou *de l'humeur* qui en tient lieu, afin qu'il y subisse une modification particulière de la part du fluide ambiant.

La circulation se fait chez les animaux à l'aide de vaisseaux, parce qu'il faut que le fluide alimentaire soit poussé vers toutes les parties dans une multitude de directions variées à l'infini ; mais il est à remarquer qu'elle est plus simple chez ceux dont l'organisation est la plus simple, et qu'elle se complique à mesure que l'organisation est plus parfaite. Dans le sphéroïde terrestre, où la respiration se fait par imbibition et par des branchies, la circulation s'y fait de plusieurs manières (peut-être ce que je réunis ici sous un ensemble de fonctions serait-il des fonctions diverses), savoir :

1° Une circulation de liquides nutritifs qui s'opérerait par la circulation superficielle ;

2° Une circulation semblable à celle des humeurs qui s'opérerait, soit par le mode de l'évaporation, soit par la circulation intérieure ; c'est un doute que je ne puis résoudre dans l'état peu avancé de la question (que je me hasarde à traiter) ; quoi qu'il en soit, il est facile de reconnaître qu'il y a dans le sphéroïde terrestre plusieurs modes de circulation.

1° La circulation superficielle.

2° La circulation par l'évaporation.

3° La circulation intérieure dans les profondeurs de

la terre, dont la marche nous est inconnue, mais dont l'expérience ne permet point de douter.

1° *La circulation superficielle* a lieu par les mers, les fleuves et les rivières. La grandeur des mers est connue; le nombre des fleuves dans les quatre parties du monde est considérable, on en compte plus de six cents, et quoique dans ce nombre il y en ait de très-grands et que l'eau qu'ils portent tous ensemble à la mer semble devoir former un volume immense, cependant Buffon a trouvé par des calculs approximatifs qu'il leur faudrait huit cent douze ans pour remplir le lit de l'Océan, en lui supposant une profondeur moyenne de deux cent trente toises.

La mer est une portion trop essentielle du globe pour ne point fixer l'attention du géologue physiologiste. Cette vaste masse liquide est toujours animée de divers mouvements généraux indépendamment de ses marées; elle est continuellement portée d'orient en occident, et sans cesse elle ferait le tour du globe sans la barrière que lui présente le continent du Nouveau-Monde. Il existe dans cette grande masse de fluides des mouvements spontanés qui animent chacune de ses molécules, mouvements qui ne sont nullement mécaniques, mais dont le principe nous est aussi peu connu que celui qui fait mouvoir notre sang dans nos veines, et qui vraisemblablement ne sont point sans analogie. Quoi qu'il en soit, le mouvement général de la mer semble devoir animer la terre, comme la circulation du sang entretient la vie dans les corps animés. La cause des courants particuliers qui se rencontrent dans la mer est peu connue; mais il est bien évident qu'elle ne peut point provenir de quelque torrent formé par les pluies, puisque les plus grands fleuves qui se précipitent dans la mer n'en occasionnent point. Il paraît qu'il existe une liaison secrète entre la cause des courants et celle des pluies ou des autres phénomènes de l'atmosphère. La cause des courants est un problème qui reste encore à résoudre, et je doute qu'on parvienne à en donner une solution complète tant qu'on voudra se contenter de les attribuer à des causes purement mécaniques, et tant qu'on ne considérera point le globe terrestre sous un point de vue physiologique ; ce n'est qu'en reconnaissant une circulation de liquides et de fluides analogue à celle qui résulte d'une organisation, qu'on pourra rendre compte de ce fait.

2° *De la circulation par évaporation.* En considérant le sphéroïde terrestre sous un point de vue physiologique, l'atmosphère peut être regardée comme l'une de ses parties les plus essentielles et comme le grand réservoir des fluides qui, par leur circulation, portent dans ce vaste corps les principes de toutes ses fonctions et les matériaux de toutes ses productions. En effet, les fluides sont aspirés de l'air par les pores de la terre, et la perméabilité de ses couches donne lieu à la circulation. D'un autre côté, les vapeurs aqueuses, répandues dans la moyenne région de l'atmosphère, contribuent encore essentiellement à la circulation dans le sphéroïde terrestre. En effet, ces vapeurs, puissamment attirées par les sommités des montagnes, viennent sans cesse se condenser contre les parois des roches dont la température approche du terme de la congélation ; elles remplissent les innombrables fissures des roches feuilletées, elles s'y résolvent en eau qui coule dans leurs interstices, pénètre facilement dans leur intérieur à la faveur de la situation presque verticale de leurs feuillets, et finit souvent par sortir du sein de la montagne sous la forme d'un petit courant qui ne tarit jamais, parce que la cause qui le produit ne cesse jamais d'agir; l'eau s'élève de toutes parts dans l'atmosphère par l'évaporation. Dans les montagnes de formation primitive, les eaux coulent le long des pierres dures qui composent ces grandes masses, et de leur réunion se forment les torrents.

Buffon a calculé que l'évaporation qui se fait annuellement de toutes les eaux du globe pourrait former une couche d'eau de vingt-neuf pouces, et que les eaux que roulent toutes les rivières ne formeraient qu'une couche de vingt et un pouces; d'où il conclut que l'évaporation est plus que suffisante pour alimenter continuellement les sources de toutes les rivières.

3° *Quant à la circulation intérieure* qui a lieu dans les profondeurs de l'écorce du sphéroïde terrestre, on ne peut en douter; elle est prouvée par une chose bien remarquable : c'est cette *humidité* qui imprime tout l'intérieur de l'écorce minérale, soit qu'on fouille à quelques pieds au-dessous de sa superficie, soit qu'on descende dans les plus grandes profondeurs où l'homme soit parvenu. Cette humidité qui pénètre toutes les roches, et les pierres même les plus compactes dans le sein de la terre, humidité qu'elles perdent presque aussitôt qu'elles sont exposées à la fonction évaporatrice de notre atmosphère, ne peut être comparée qu'à celle qui, résultant de la circulation dans tous les êtres organisés, pénètre toute la masse de leur chair, même de leurs solides, et porte la vie dans toutes les parties de l'individu.

Les minéraux eux-mêmes conservent une partie de cette humidité qu'ils ont absorbée au moment de leur formation. Le minéralogiste en trouve la preuve dans ses expériences, et le chimiste en a calculé l'existence quantitative dans toutes les analyses qu'il en a faites.

Sans eau, sans humidité sur la terre, il ne peut y avoir de développement organique.

M. *de Humboldt* a remarqué que le manque de pluie et l'absence des plantes sont deux phénomènes qui réagissent l'un sur l'autre. Il ne pleut point dans un pays parce que la surface d'un sol sablonneux nu et privé de végétation s'échauffe d'avantage, et ainsi repousse les nuages au lieu de les attirer, et le désert ne devient pas une forêt, parce que sans eau il ne peut y avoir de développement organique.

De même donc que la circulation partant du cœur des animaux développe les organes et y entretient la vie, de même les eaux répandues sur la surface et dans l'intérieur de la terre sont une véritable circulation dont l'objet est d'entretenir la vie dans le globe.

C'est donc en vain que les physiciens émettent cette opinion, que les pluies, les neiges, les brouillards, enfin que toutes les vapeurs qui s'élèvent tant de la mer que des continents et des îles sont les seules causes qui font naître et qui entretiennent les sources, les rivières et généralement toutes les eaux qui se renouvellent continuellement. Cette raison, admissible pour une partie des eaux qui coulent et circulent à travers les couches perméables et superficielles de la croûte du sphéroïde terrestre, cesse d'être suffisante quand on reconnaît par les différents sondages que l'on a eu occasion de faire, qu'il existe des nappes d'eau immenses, et même des torrents à des profondeurs considérables; on est bien alors forcé de convenir que cet écoulement de liquides à des températures souvent si différentes, et sous toutes les latitudes, est une véritable circulation qui, considérée dans l'ensemble des phénomènes vitaux du globe, doit avoir un objet bien plus important que le jeu d'un siphon, dont le but serait de ramener à la surface de la terre des eaux qui auraient pénétré dans les profondeurs *sans utilité.*

Ne perdons point de vue qu'aucune des opérations de la nature n'a lieu sans un but utile, et ne nous refusons point à reconnaître ici une véritable circulation portant la vie dans toute l'écorce du globe, et qui, semblable à tout corps organisé, ne peut être percé sur aucun point de sa surface sans qu'on y rencontre cette humidité, principe de l'organisation de tout être ayant vie.

CONCLUSION DE L'ARTICLE CIRCULATION.

Les mers, les fleuves, les rivières, les sources, les fontaines jaillissantes, les torrents, les cours d'eau souterrains sont au sphéroïde terrestre ce qu'est la circulation dans les êtres organisés, et cette circulation est tellement nécessaire à la vie de ce grand être, que lorsqu'elle s'arrêtera la vie s'éteindra; c'est néanmoins ce qu'on peut penser en comparant l'état actuel des choses sur le globe avec ce qui paraît avoir lieu dans la lune. Dans ce corps céleste toutes les eaux paraissent être à l'état solide, puisqu'on ne voit point de vapeurs s'élever de cette planète ; c'est ce qui a fait dire à un célèbre astronome (1) que la lune n'ayant point d'atmosphère, si elle est habitée par des êtres vivants, ces êtres ne respirent ni ne boivent. Il est plus naturel de penser que la lune est refroidie, que tout y est glacé et que la vie y est entièrement finie, attendu qu'il n'y a plus de circulation.

Si tous les êtres organisés sont animés par une circulation de liquides qui se modifient par diverses combinaisons, suivant les organes qui les élaborent, reconnaissons et convenons que d'après ce qui vient d'être exposé, il en est de même à l'égard du globe terrestre.

DES ORGANES CIRCULATOIRES.

Après avoir démontré qu'il existe une circulation de liquides et de fluides dans notre planète, si l'on me demandait quels sont les organes circulatoires, je serais forcé d'avouer que n'ayant encore pu faire pour ainsi dire l'anatomie du globe, on n'a point encore pu reconnaître ces organes ; mais en examinant les couches argileuses sur lesquelles les eaux reposent généralement, et qui contiennent les liquides en les empêchant de s'échapper dans les couches inférieures, on est porté à penser que ces couches argileuses remplissent les fonctions de membranes destinées à contenir ces liquides, au lieu de canaux semblables à ceux qu'on voit dans les corps organisés. Ce mode de circulation serait une va-

---

(1) M. Arago.

riété des ressources de la nature pour produire avec un moyen différent et tout à fait approprié à l'être auquel il est destiné, l'effet de la circulation dans les êtres organisés. Au lieu de ces couches glaiseuses, si la nature eût établi des canaux, n'auraient-ils pas pu être brisés, percés par mille causes (1) et produire des accidents qui eussent dérangé l'harmonie, ce qui ne peut arriver par ces couches argileuses, sur lesquelles les eaux reposent comme sur un coussin moelleux, toujours disposé à s'étendre pour réparer promptement une solution de continuité intempestive?

Enfin si, par des sondages exécutés méthodiquement dans toutes les latitudes, on parvenait à acquérir des notions plus positives sur les profondeurs dans lesquelles circulent les eaux du globe, j'ai tout lieu de penser que l'on pourrait établir une carte hydraulique qui ferait reconnaître, par la direction des courants souterrains, qu'il existe une circulation intérieure du globe dont on tracerait la marche, et qui semblable au système de la circulation reconnue dans les corps organisés, a pour objet de porter la vie dans toutes les parties du sphéroïde, et d'empêcher en outre que par le desséchement que causerait la chaleur de la masse centrale dans toute l'écorce, cette croûte ne finisse par se fendre ou s'éclater de toutes parts en produisant la destruction totale du sphéroïde terrestre.

---

(1) Les dislocations souterraines, les soulèvements de terrains, les tremblements de terre, etc.

OBJECTIONS.

On objectera peut-être à ce que je viens d'exposer
que les fleuves n'ayant point eu depuis l'origine des
choses le même lit ou le même parcours qu'ils ont aujourd'hui, le système de circulation que je présente ne
peut point être admis par ce fait même.

Il est facile de se convaincre par ce que j'ai dit ci-
dessus que la circulation du globe ne peut point être as-
similée entièrement à celle des autres êtres organisés,
qu'il suffit qu'il y ait analogie dans l'exercice de cette
fonction pour l'admettre. C'est donc afin de parer aux
inconvénients des changements dans le parcours des
eaux que cette circulation s'effectue en partie dans des
limites ouvertes; et lorsque quelque cataclysme arrive
dans l'écorce du globe et qu'il y a changement de niveau dans les liquides, la circulation ne peut être interrompue entièrement; et que si par ces événements elle
éprouve quelque trouble ou quelque modification dans
sa marche, il n'en doit résulter aucun inconvénient pour
l'organisation de ce grand être. Les changements qui
ont pu arriver n'ont donc produit aucun trouble grave
qui ait pu interrompre cette circulation. On pourrait encore faire une autre objection, c'est que les eaux qui se
perdent par les gouffres, par les cavernes et par les sables, qui permettent leur filtration à l'intérieur, ne restent pas dans l'écorce du globe, et que beaucoup de
rivières, après s'être perdues, reparaissent ensuite à
quelque distance, soit en rivières, soit en sources.

Ce fait, qui est vrai pour quelques rivières, n'est

pas constaté pour toutes, ou ce n'est qu'une supposition ; il l'est encore moins pour les gouffres qui absorbent des quantités d'eau considérables sans qu'on puisse savoir ce qu'elles deviennent (1) ; il est au contraire prouvé qu'elles descendent et circulent à de grandes profondeurs, et elles ne reparaissent à la surface de la terre qu'après que le globe les a mises en rapport avec ses organes intérieurs. Il les amène alors à l'extérieur par les sources, par les éruptions volcaniques, dans lesquelles l'eau joue toujours un rôle important ; et d'ailleurs les geysers d'Islande, qui donnent des jets de vapeurs énormes, s'élèvent à des hauteurs plus ou moins considérables, supposent des réservoirs à de grandes profondeurs ; enfin, la température élevée des eaux thermales ne peut laisser aucun doute sur les profondeurs d'où viennent ces différentes eaux.

Il résulte de cette circulation (car c'en est une réelle, *incontestable*) que les eaux qui reviennent ainsi à la surface rapportent des principes dont elles se sont saturées dans l'intérieur de la terre, et qui devaient être enlevés des organes du globe qu'elles surchargeaient ou qu'elles obstruaient, ou qui étaient le résultat de ses sécrétions. Ces eaux viennent les déposer à la surface ou dans les

---

(1) Il existe dans l'île de Céphalonie, l'une des îles ioniennes, une cavité qui absorbe toutes les eaux qu'on y fait tomber ; on en a profité pour établir un moulin avec les eaux de la mer, qui, après avoir fait tourner le moulin, se précipite dans cette cavité, d'où elles ne reparaissent plus. Elles tombent donc à de grandes profondeurs.

Dans le département de la Haute-Saône, il existe une perte d'eau dont on se sert dans une usine pour y jeter tous les débris dont on veut se débarrasser, et on n'en a plus aucune connaissance.

bassins des mers ; enlevées ensuite à l'état de vapeurs dans l'atmosphère, elles se saturent de nouveaux principes organisateurs ou réparateurs, et subissent une modification particulière de la part des fluides ambiants, ce que fait le sang chez les animaux, où il se met en contact avec l'air dans leurs organes respiratoires. Enfin, les eaux se condensent et retombent à la surface du globe pour être de nouveau absorbées par ses gouffres, ses cavernes et ses sables.

Un mécanisme semblable, que toutes les lois de la physique et de la géologie nous constatent, ne doit-il être considéré que comme un jeu de la nature ? En y réfléchissant, ne doit-on pas convenir qu'il doit révéler un but utile, une mission importante à remplir ? Ce serait être volontairement aveugle que de ne pas reconnaître là une véritable circulation, fonction qui doit avoir pour objet d'entretenir la vie dans les organes du globe (*voyez* Nutrition) comme toutes les diverses sortes de circulation que la physiologie nous fait reconnaître chez tous les autres êtres organisés, soit végétaux, soit animaux.

Toutes les considérations que je présente dans ce chapitre répondent donc complétement à cette vérité que le globe terrestre est soumis à la fonction de la circulation imposée à tout être organisé vivant.

DE L'ABSORPTION.

Le sphéroïde terrestre exerce-t-il la fonction de l'absorption? Pour résoudre cette question, je n'établirai point, ainsi que je l'ai fait dans les autres chapitres, ce que les physiologistes entendent par l'absorption; il est tellement évident que le globe terrestre exerce cette fonction, que soutenir le contraire ce serait nier la lumière. Je me permettrai seulement de citer quelques faits à l'appui de mon assertion.

On peut sur tous les pics isolés suivre les effets de l'attraction des vapeurs par les montagnes; on voit les nuages s'y arrêter, en envelopper toute la partie supérieure et former ce qu'on nomme en Auvergne le chapeau du Puy-de-Dôme. Le vent même, qui est si fort sur les points culminants, est trop faible pour détruire cette attraction, tandis que l'on voit des nuées sur le même plan ou moins rapprochées du pic obéir à la vitesse du vent, pendant que les *vapeurs attirées* restent immobiles, et cela pendant plusieurs jours consécutifs. Quand on réfléchit à la quantité du liquide qui doit être absorbé par la montagne, ce dont on est convaincu quand on y monte pendant que ces vapeurs l'entourent, parce qu'elles vous mouillent comme une très-forte pluie, on est étonné de ne point rencontrer la moindre source près du sommet ou sur les flancs; tout y est sec jusqu'à la base. L'humidité des vapeurs dont il s'agit, et celle résultant de la fonte des neiges, est donc infiltrée à travers les fissures des roches ou absorbée par les couches perméables de la montagne.

Il est impossible que ce fait, si souvent répété, ne révèle pas un mystère qui tient à une fonction importante et particulière, laquelle se rattache à la vie du globe terrestre, surtout si l'on remarque que ce que j'ai observé sur les pics du mont d'Or, du Puy-de-Dôme et des montagnes de la Suisse, doit se reproduire encore sur toutes les hautes montagnes soulevées à la surface du globe, et qui doivent en être les organes absorbants.

Enfin le globe terrestre n'absorbe-t-il pas encore l'air atmosphérique dont il se sature? n'absorbe-t-il pas tous les fluides et les gaz ambiants qui se mettent sans cesse en rapport avec la surface de son écorce? n'absorbe-t-il pas les eaux pluviales? Son absorption continuelle est tellement évidente que je crois inutile d'en prolonger davantage la discussion.

Toutefois, l'absorption étant une des fonctions peut-être les plus importantes des corps organisés, je ne terminerai point sans émettre le vœu que les physiologistes en portant leurs observations sur les phénomènes qui se passent à cet égard pour le globe terrestre, et les comparant avec ceux de l'économie animale, établissent des analogies qui pourraient être infiniment utiles à la science et qui prêteraient à l'art de guérir le secours peut-être le plus efficace, en mettant le corps humain en rapport direct avec des substances plus assimilables et qui n'étant point ingérées dans les viscères, n'y causeraient point les désordres résultant des minéraux dangereux que nous prenons souvent si aveuglément. Si dans l'art de guérir on faisait un emploi plus fréquent des gaz et des fluides, je suis convaincu qu'on obtiendrait des résultats plus heureux.

Déjà des essais ont prouvé que le fluide électrique pouvait être employé avec avantage ; le fluide magnétique étudié aussi, puis abandonné, a cependant laissé entrevoir quelque avantage à travers le voile dont il est resté couvert. Les autres fluides appropriés aux circonstances et aux cas pathologiques, ainsi qu'au tempérament du malade, ne pourraient-ils pas produire les effets les plus heureux.

Je demande pardon à mes lecteurs de m'écarter peut-être un peu trop de mon sujet dans cet article ; mais je crois que c'est rendre un service à l'humanité que de faire connaître ce que mes méditations m'ont fourni à ce sujet.

Si l'on voulait faire des observations semblables à celles que j'ai faites, les médecins reconnaîtraient que chez les malades gravement attaqués, ce que l'on nomme les redoublements et les paroxysmes de leur mal se trouve en rapport avec les heures de la journée où les variations de l'aiguille aimantée, constatées par M. Arago, se font remarquer (1). Il résulte de ces observations que l'aiguille aimantée a une tendance continuelle à s'éloigner du nord depuis six heures du matin jusqu'à trois heures après midi environ, et à s'en rapprocher depuis cette dernière époque jusqu'au lendemain six heures du matin.

Il est à remarquer que dans les grandes maladies, c'est

---

(1) Et il n'est pas permis de révoquer en doute les observations d'un savant aussi exact dans ses travaux et aussi consciencieux dans les résultats qu'il en transmet.

aussi depuis l'après-midi, jusqu'au lendemain matin que les crises se manifestent et que la maladie redouble d'intensité. Le matin le calme se rétablit peu à peu; c'est alors que le malade éprouve ce qu'on appelle du mieux. En effet, le mal paraît céder ou se ralentir pendant quelques heures, pour reprendre ensuite vers le soir.

Ne pourrait-on point reconnaître dans les effets ci-dessus *l'influence solaire* qui agit successivement sur tous les points de la surface du globe, pour lui imprimer par l'attraction sur son atmosphère le mouvement journalier de rotation? L'état de l'atmosphère lorsque le soleil répand ses rayons sur le Grand-Océan Boréal, à la latitude et au méridien correspondant au nôtre, est bien différent sans doute de ce qu'il est lorsque les rayons du soleil frappent nos contrées.

D'un autre côté, je crois qu'il serait difficile de nier l'influence directe du fluide magnétique sur les corps organisés. Si donc on veut admettre que dans une maladie la composition, et par suite la circulation du sang, est plus ou moins affectée, ou plus ou moins modifiée en raison vraisemblablement de l'altération que ce fluide a subie dans ses principes composants; si l'on remarque que le sang contient une grande partie de fer, et que précisément le fluide magnétique exerce une action très-puissante sur les substances ferrugineuses, on trouvera peut-être dans cette action contrariée par la disposition anormale des molécules ferrugineuses du sang, la cause des redoublements occasionnés dans les maladies par ce désordre dans les principes constituants, qui ne sont plus en équilibre ou en harmonie avec l'action générale du fluide magnétique du globe; et comme la circulation du sang vivifie tout le système, il résulte de ce désordre que tout le système est troublé.

Ne serait-il point possible, par des expériences sagement combinées, au moyen de la vertu de l'aimant et par la pile voltaïque, de ramener l'ordre troublé dans les fonctions vitales? Ces expériences, au moins j'ai lieu de le penser, n'offriraient pas pour les hommes les dangers imminents de remèdes, qui souvent appartiennent à des poisons actifs, que l'on introduit dans le système en endommageant presque toujours les organes.

Je ne veux point faire ici du magnétisme ni du somnambulisme, encore moins du charlatanisme à la Cagliostro; mais je pense, d'après les considérations que je viens de développer, qu'elles peuvent en quelque sorte expliquer les effets et les succès du baquet de Mesmer, qui a pu produire des résultats heureux dans les cas où la maladie et le baquet se trouvaient en rapport de circonstances et de conditions favorables, tandis que les résultats étaient négatifs lorsque le remède était appliqué à des heures de la journée où le fluide magnétique du globe n'était plus en rapport avec l'état du malade, en raison des variations diurnes ou même trimestrielles de l'aiguille aimantée, et conséquemment du fluide magnétique du globe. Je ne veux point rétablir le baquet de Mesmer; mais nous avons des moyens magnétiques bien plus puissants aujourd'hui; nous avons de plus la pile voltaïque, et je forme des vœux bien sincères pour que les savants de nos jours expérimentent des moyens aussi peu dangereux, et dont nous serions peut-être bien coupables de ne pas faire usage.

Si donc les médecins faisaient une étude spéciale des fluides au milieu desquels nous vivons continuellement plongés, tenant compte de l'état dans lequel ils peuvent se trouver aux différentes heures de la journée, ils s'appliqueraient à rétablir ces fluides autour des malades, dans la condition où ils doivent être pour ne point causer d'anomalie dans l'organisation. Je ne doute point qu'ils n'obtiendraient des résultats prompts et certains pour la guérison des maladies.

Mais il faudrait pour cela des étpdes nouvelles, et renverser toute la pharmacie actuelle si commode et si facile à employer; mais il faudrait pour cela faire des observations si réfléchies, si attentives, si longues, que le cheval qui nous attend à la porte du malade ne nous en laisse pas le temps. Je livre au surplus ces idées aux praticiens et aux docteurs philosophes amis de l'humanité et de la science.

DE L'ASSIMILATION.

Tous les corps vivants éprouvent des pertes continuelles et tendent à leur destruction complète par la dissipation de leur propre substance. Tout corps organisé a donc besoin de se réparer; cette réparation s'opère au moyen de la digestion de diverses substances, par la loi de l'assimilation, fonction de laquelle résulte la nutrition de l'individu.

L'assimilation, selon les physiologistes, est l'action en

vertu de laquelle certains corps rendent semblables à eux et s'approprient les substances avec lesquelles ils sont mis en contact dans des circonstances données. L'assimilation est la fonction la plus constante et la plus générale; les corps vivants agissent impérieusement sur les molécules extérieures et les attirent à eux de tous les points par lesquels ils peuvent entrer en contact avec elles. On a généralement borné cette faculté aux animaux et aux végétaux, en alléguant que les substances minérales ne sont composées que de matières inertes ou mortes qui ne peuvent servir à l'alimentation. Mais si l'on considère que, d'après les analyses de la chimie, il est aujourd'hui reconnu, 1° que les substances minérales sont composées des mêmes principes que les animaux et les végétaux; 2° que les êtres organisés finissent par se résoudre en éléments parfaitement semblables à ceux du règne minéral, et que dans les uns comme dans les autres c'est toujours de l'hydrogène, de l'oxygène, du carbone, combinés avec des terres simples et des molécules métalliques, on reconnaîtra sans doute que rien de tout cela n'est mort, car un être mort ne saurait revivre; alors on est bien forcé de convenir que les molécules qui composent les substances minérales sont animées par un principe actif qui n'est point aveugle. Leurs affinités, qu'on a si bien nommées *attractions électives*, ne laissent aucun doute à cet égard, et leurs répulsions réciproques démontrent une sorte d'antipathie, comme les attractions supposent une sorte de sympathie.

Il est reconnu que les minéraux les plus durs, dans l'intérieur de la terre, sont pénétrés d'un fluide fugace qui paraît y circuler sans relâche, et l'analogie porte à croire que les molécules de ce fluide ou celles dont il est chargé se combinent et s'identifient avec les corps où il circule ; que, dès lors, il se fait une *assimilation minérale* qui ne diffère point essentiellement de celle que l'on reconnaît dans les autres règnes.

Si la nature peut, à l'aide des aliments, former dans les animaux et les végétaux le soufre, le phosphore, les acides, les alcalis, les terres, les molécules métalliques, etc., etc., que l'on trouve dans les analyses de leurs corps, pourquoi ne produirait-elle point ces mêmes matières dans le sein de la terre, où les mêmes principes qui y existent déjà ont de plus grands rapports avec les métaux, le soufre et les autres substances ci-dessus indiquées, que n'en paraissent avoir les corps organisés ?

C'est par le moyen de l'assimilation que ces matières se forment dans les corps organisés, et cette assimilation s'opère également dans le règne minéral. A mesure que les fluides circulent dans une substance qui commence à passer à la minéralisation, ils en contractent les propriétés, et finissent par en augmenter la masse, sans éprouver peut-être d'autre changement que d'avoir leurs molécules agrégées ou disposées d'une manière différente.

Enfin, les fluides qui circulent sans cesse dans les couches de la terre, comme la séve dans les végétaux ou le sang dans les animaux, s'y modifie d'une manière analogue à la nature de ces couches ; ils y portent la vie et ils y éprouvent tous les effets de l'assimilation, la nature, dont les lois sont uniformes, n'ayant point deux manières d'agir. Le sphéroïde terrestre doit donc posséder cette faculté d'assimilation, sans laquelle peut-être le fluide vital de sa masse interne ne serait point entretenu ou réparé.

DE LA NUTRITION.

Le principe de la conservation des êtres organisés réside surtout dans la force nutritive ou réparatrice; elle s'exerce par l'accession d'une matière nutritive capable de s'organiser comme le corps qu'elle renouvelle. De toutes les fonctions des êtres organisés et vivants, la nutrition est donc la plus indispensable à l'existence individuelle. Aucun d'eux ne pourrait subsister sans nourriture ; la nutrition est l'élément essentiel de la vie. Pour y parvenir, les animaux sont pourvus d'une ouverture qui communique par un canal jusqu'au milieu de leurs vicères, car la nutrition s'opère dans leur intérieur et non pas à l'extérieur ; leur bouche varie de forme dans les diverses branches du système animal, car la nature semble avoir pris toutes les formes imaginables ; et s'il nous était possible de voir dans les autres sphères célestes, nous conviendrions sans doute qu'elle ne les a point épuisées toutes sur notre globe. Toutefois les formes que nous connaissons ont été données avec une telle sagesse, que chaque être possède précisément la conformation qui convient le mieux à son genre de vie et à la nature des aliments dont il doit faire usage.

Le sphéroïde terrestre se nourrissant d'une manière particulière , une bouche ne lui était point nécessaire ; elle eût même nui à l'ordre de la nature , qu'elle eût dérangé. S'il eût englouti par un seul organe l'immensité des liquides, des fluides et des solides qu'il absorbe de tous côtés, ce mode de nutrition eût produit un gouffre , ou une chute , ou une cataracte, ou des courants qui eussent dérangé nécessairement l'ordre des choses.

En observant ce qui se passe sur le sphéroïde terrestre, on voit que des fleuves se perdent dans les sables , que d'autres semblent se précipiter dans les entrailles de la terre.

En France , dans la Lorraine , cinq rivières se perdent.

En Angleterre , il y en a dans le pays de Galles , dans le Devonshire et dans le Yorkshire.

On en cite aussi à la Jamaïque. — Le Tigre , dans la Mésopotamie.

La Vilaine , auprès de Vauginois , se perd dans un gouffre ; la Drôme se perd à Fosse-de-Soucy ; l'Uton se perd à Collonges ; le fleuve Alphée, dans le Péloponnèse ; dans la Morée, beaucoup de rivières se perdent : le Guadalquivir en Espagne, la rivière de Gottemberg en Suède, le gouffre de la grotte de Fingal dans l'île de Staffa, en Écosse. Dans la partie occidentale de Saint-Domingue, il existe aux pieds d'une montagne des cavernes où les rivières et les ruisseaux se précipitent avec tant de bruit qu'on l'entend de sept ou huit lieues :

les gouffres de Charybde et de Scylla ; près des côtes de la Grèce, l'*Euripe* ; le gouffre de Malstroem dans la mer de Norwége, qui a vingt lieues de circuit (1).

Ces gouffres, et d'autres encore qui existent peut-être au fond des mers et que nous ne connaissons point, ne doivent-ils pas être considérés comme des organes par lesquels le sphéroïde se met à l'intérieur en contact avec les substances nécessaires à sa nutrition ? *Autrement, pourquoi ces gouffres*, et comment en expliquer les raisons ? Ne perdons jamais de vue que rien n'existe dans la nature sans un motif ayant pour objet un but utile.

---

(1) Abîme où se perd la Ruecca, à six cents pieds au-dessous de San Canciano.

L'auteur du Voyage pittoresque dans l'Istrie et la Dalmatie s'exprime ainsi, page 156, au sujet du gouffre de la *Ruecca* : C'est entre les roches (dont il vient de parler), c'est à leurs pieds, c'est dans l'abîme presque incommensurable que forment ces remparts naturels, que la Ruecca serpente et coule avec une sorte de majesté lente, lorsque tout à coup elle arrive sous une arcade immense, effrayant et sombre péristyle d'une galerie souterraine dont l'imagination épouvantée n'ose ni prévoir ni sonder la profondeur. Mais, que dis-je, galerie ? c'est un gouffre, un précipice énorme, inconcevable, que jamais nul mortel ne connaîtra sans doute, où les flots de la Ruecca, devenus alors étrangers à la clarté du jour, s'enfoncent avec un horrible fracas. Où tombent-ils ? de quelle hauteur ? combien de temps ? Des milliers de générations ont passé sur la terre et ne l'ont point su, et les siècles s'éteindront peut-être sans que ce mystère soit dévoilé. Qui peut se figurer l'épouvantable mugissement qui sans cesse roule avec les vagues dans les profondes cavités de cette impénétrable caverne ? Qui jamais concevrait la terreur dont le spectateur est tout à coup pétrifié à l'aspect de ce gouffre, dont l'ouverture attire, engloutit et dévore un fleuve tout entier, et seul comptable envers la nature du joug qu'il impose à ce fleuve, le retranche sous l'épaisseur de ses voûtes contre les regards et la curiosité de l'homme, etc.

Ce but serait la nutrition du sphéroïde terrestre par l'accession de matières capables de s'assimiler en sa propre substance, ou bien ayant pour objet spécial l'entretien des matières qui constituent sa masse centrale.

L'eau est la boisson naturelle des animaux, c'est le véhicule de leurs aliments; c'est également celui de la nutrition des plantes. En considérant les rapports des eaux avec la terre, pourquoi l'eau ne serait-elle pas aussi le véhicule des substances dont elle se nourrit?

Pendant leur filtration à travers les montagnes et pendant leur cours, les eaux ont mis en dissolution des substances minérales, soit naturellement par leur action propre en rencontrant ces substances dans l'état salin, soit artificiellement en les attaquant avec le concours d'un acide.

Le fond des lacs, non plus que celui des mers, ne constitue point des bassins qui soient permanents dans leur forme; ils se modifient tous les jours : 1° par l'apport des matières solides qui s'y déposent, produits arrachés aux rochers battus par les flots de la mer ou produits des débris des coquilles brisées ou de détritus des êtres organisés; 2° par le transport de boues et de sables charriés par les fleuves qui se jettent dans les mers ou dans les lacs. On a calculé que le Gange verse *journellement* dans l'Océan un volume de terre qui équivaut à une des pyramides d'Égypte.

Ces dépôts et ces transports considérables, qui finissent par être entraînés en partie dans les gouffres par la circulation pépétuelle des eaux, portent à penser que le sphéroïde terrestre est un être organisé qui vit en partie des fluides répandus dans l'atmosphère et en partie des substances que la vie et la destruction agissant à sa surface ont rendues alimentaires pour lui. N'est-il pas reconnu aujourd'hui que l'eau contient une foule si considérable d'infusoires et de foraminifères, qu'il n'est plus possible de douter qu'elle ne devienne alimentaire pour certaines espèces d'êtres organisés ?

On observera peut-être que je fais concourir la circulation à une autre fonction, celle de la nutrition ; mais c'est précisément ce qui se passe à l'égard de l'espèce humaine. Il est reconnu que les vaisseaux chylifères chargés du produit le plus substantiel de la digestion vont se déverser dans la veine sous-clavière, afin de porter la nutrition dans les parties les plus petites du corps humain au moyen de la circulation.

Enfin, par suite de l'action de l'atmosphère, de l'humidité, de la chaleur et du froid, il y a un jeu dans toutes les roches agrégées qui tend à les altérer et à les décomposer. Dans le voisinage de la mer, les roches se couvrent de sel, qui, s'emparant de l'humidité de l'atmosphère, les pénètre et tend à les désagréger ; d'un autre côté, les glaces qui ont pénétré dans les roches se dilatant par la chaleur tendent également à en désunir les parties ; enfin les autres météores atmosphériques tendent au même but. Quoique ces actions soient assez restreintes, on ne peut nier toutefois que l'influence de tous ces agents réunis ne prépare, pour ainsi dire, des matériaux qui sont livrés par les éboulements et les avalanches aux eaux courantes qui les transportent par

les gouffres dans les entrailles du sphéroïde terrestre
pour sa nourriture.

Par nourriture, j'entends ici une loi d'assimilation qui
tend à entretenir les forces des agents du centre de la
terre. Si les atterrissements dont je viens de parler n'é-
taient point consommés ou absorbés par une fonction
quelconque, comment, depuis la succession des siècles,
n'auraient-ils pas encombré le fond des mers, ou n'auraient-ils point changé leur niveau en les faisant monter
ainsi que de l'eau dans un vase où l'on jetterait des
cailloux? Il est cependant reconnu que depuis les temps
historiques le niveau de la mer n'est point changé. Que
deviennent donc ces dépôts s'ils ne sont point absorbés
pour l'assimilation ou la nutrition du sphéroïde terrestre? Objectera-t-on que les matières brutes et non
organisées ne puissent servir d'aliment soit aux plantes,
soit aux bêtes? Mais le ver de terre vit de la substance
de la terre même, la subsistance des plantes est fondée
sur les propres débris de leur règne. Pourquoi ce qui
arrive ici ne s'appliquerait-il pas, par analogie, à la nutrition du sphéroïde? Oui le globe terrestre a reçu en
dépôt le principe de la vie pour la produire à son tour
par une force de création dont il a été doué, et afin que
toutes les existences occupant sa surface éprouvent à
leur tour les altérations et les décompositions nécessaires pour lui devenir alimentaires. Concours étonnant
de circonstances et de modifications diverses, harmonie
admirable dans cette longue chaîne d'existences, de
morts et de reproduction.

CONCLUSION DU CHAPITRE.

La nutrition n'a point seulement pour objet, chez les animaux, de les accroître; elle doit encore réparer les pertes produites par l'exercice de leurs fonctions. Dans le sphéroïde terrestre, elle a pour objet l'alimentation de la masse centrale, et non celle de son écorce; elle se fait, 1° par l'absorption immense des gouffres, 2° par imbibition, 3° par irradiation du dehors au dedans. Ce mode particulier qui s'élève contre le caractère assigné généralement aux animaux, celui d'avoir un organe central de digestion, ne s'en éloigne pourtant point autant qu'on pourrait le penser, puisque toutes les substances paraissent être absorbées au profit de la masse centrale où elles subissent un changement de matières en d'autres, telles que les laves, les scories et autres productions volcaniques, qui sont ensuite rejetées au dehors comme n'étant plus assimilables. La nutrition, d'ailleurs, chez les êtres organisés, n'a en général réellement point d'organe spécial; elle s'exerce par absorption dans toutes les parties vivantes, pour lesquelles elle est en quelque sorte l'aliment de la vie.

N'y a-t-il point lieu de penser que la masse centrale du globe, que les géologues supposent être composée de matières en fusion par la chaleur, est une masse d'une substance particulière qui a d'abord rejeté à sa surface toutes les matières qui s'y sont refroidies et durcies, pour former son écorce, comme les mollusques forment leur coquille par une sorte de transsudation; que cette masse centrale, douée d'un principe vital immense, ne tend qu'à dépenser sa vie et peu à l'entretenir, si l'on en juge par la quantité prodigieuse des déjections volcaniques qu'il faut considérer comme les substances qui lui ont été apportées de sa surface, et qu'il a rejetées comme non assimilables, à la manière des animaux ?

Différent de ceux-ci, le sphéroïde terrestre n'a peut-être pas besoin de se nourrir de substances solides; peut-être il n'alimente sa masse centrale que de fluides. Ce qui porte d'autant plus à le penser, c'est qu'il a été formé lui-même dans l'immensité de l'espace où circulent les principes générateurs et vivifiants qui sont les matériaux que la nature emploie dans ses œuvres ; que tous les corps les plus solides aujourd'hui, et qui composent son écorce, y étaient à l'état gazeux lorsqu'ils ont été assemblés, réunis, et solidifiés pour le former.

Qu'arrive-t-il, en effet, pour parvenir au but de la nourriture du sphéroïde terrestre ? Les vapeurs s'élèvent dans l'atmosphère : là elles s'y saturent de tous les gaz et de tous les fluides avec lesquels elles se mettent en contact ; lorsqu'elles en ont accumulé une quantité assez considérable pour ne plus pouvoir se soutenir en l'air, alors elles se condensent et retombent sur le sphéroïde qui les absorbe aussitôt, et dans quel but, si ce n'est afin de pourvoir à l'alimentation de sa masse interne ? Comment n'être point convaincu de cet état de choses, lorsqu'on reconnaît ensuite que les émanations qui sortent de la terre par les sources, par les volcans, soit ignés, soit vaseux, offrent les mêmes fluides et les mêmes principes qu'on retrouve dans l'atmosphère ?

A la vérité, souvent ils sont combinés avec d'autres substances; mais ces amalgames sont le résultat d'un travail intérieur qu'il faut bien, par analogie, reconnaître pour une digestion.

On est d'autant plus porté à penser que la nutrition ou la réparation des pertes du sphéroïde se fait par des substances non solides, qu'il est à remarquer que ce qui abrége le plus la durée de la vie chez les animaux, c'est l'abondance de la nourriture; que plus un être vivant s'alimente, plus ses organes se durcissent, ses fibres s'affermissent, plus ses vaisseaux s'obstruent, plus alors il approche de sa dernière heure.

La nature, qui a voulu que le sphéroïde terrestre eût une immense longévité, a agi d'après ce principe; elle ne lui permet pour nutrition qu'une absorption peu considérable. Cette absorption nous paraît bien faible comparativement à son immensité, quoique nous ne puissions apprécier la quantité des troubles ou dépôts qui sont engloutis dans les gouffres. D'après les observations microscopiques qui ont été faites, on a compté dans une goutte d'eau jusqu'à deux millions d'animaux infusoires, et dans un pouce cube de craie un million de foraminifères. On fera toutefois observer que ce ne sont pas les plus grands animaux qui sont les plus voraces (1).

---

(1) Examinez le gosier d'une baleine, vous serez étonné du peu de capacité qu'il présente; vous le seriez bien plus encore en apprenant que dans l'estomac d'une baleine que l'on venait de prendre, on n'a trouvé que de très-petits poissons longs et gros comme le doigt.

Je crois avoir suffisamment démontré dans ce chapitre que le sphéroïde terrestre exerce une fonction absolument semblable à celle que l'on désigne chez les animaux sous le nom de nutrition, et qu'il est impossible que les phénomènes qui se passent chaque jour sous nos yeux ne se manifestent point dans ce but.

DE LA DIGESTION.

Il résulte des chapitres précédents qu'aucune molécule de la matière n'est réellement inerte, que toutes obéissent à une impulsion quelconque; que les éléments qui composent les masses prétendues inertes et les corps organisés sont exactement les mêmes; que le sphéroïde terrestre les attire toutes, soit à l'état aériforme, soit à l'état solide, soit à l'état aqueux, et que les molécules élémentaires de ces corps, ainsi transportées dans l'intérieur de sa masse, ou bien forment de nouvelles combinaisons, ou bien vont s'ajouter à celles qui existaient déjà.

La perméabilité d'une grande partie des couches qui forment l'écorce minérale du sphéroïde terrestre est, avec les gouffres, le moyen que la nature paraît avoir employé pour en opérer la nutrition : cette perméabilité lui permettant de se laisser pénétrer par les eaux, il est probable que les eaux douces et celles de la mer transportent dans les entrailles de la terre les substances qu'elles charrient ou qu'elles tiennent en dissolution ou en suspension, et qui doivent servir à l'alimentation du sphéroïde terrestre. N'est-il pas reconnu que la digestion est une dissolution chimique chez les corps organisés, laquelle a pour objet de transformer les matières solides en matières ou liquides ou gazeuses? Ces substances, charriées par les eaux, sont introduites dans le globe terrestre et subissent dans l'intérieur, au moyen de la chaleur centrale et des actions des réactifs qui se trouvent dans la terre et dans la masse centrale, la dissolution chimique et la division nécessaire pour assimiler à la nature propre du sphéroïde terrestre les substances qui lui conviennent.

Après avoir été ainsi élaborées, les substances que la masse centrale ne peut s'assimiler ou qui deviennent désormais inutiles à son organisation sont ensuite rejetées par les volcans, et forment le groupe des roches éruptives et les productions volcaniques, que l'on voit rejetées à sa surface, et que l'on peut considérer comme un véritable *caput mortuum*, résultat d'une coction ou d'une opération absolument analogue à la coction des aliments qui se fait dans l'intérieur des animaux, et pour trancher le mot, à une véritable digestion.

Enfin la chaleur centrale, en décomposant par son action les liquides qui pénètrent jusqu'à elle, produit ces dégagements de matières gazeuses qui s'échappent de la terre.

Ne point reconnaître dans ces effets et ces produits une fonction entièrement analogue à celle de la digestion, serait un aveuglement volontaire qu'aucun autre fait ne pourrait détruire. Il me paraît en conséquence assez prouvé que le sphéroïde terrestre exerce la fonction dont il s'agit.

DES DÉJECTIONS.

Tout ce qui n'est point susceptible de s'assimiler à la propre substance d'un être vivant en est rejeté. Aussi, avant qu'il se fasse une éruption de volcan, il y a au fond de son cratère des détonations, des explosions qui annoncent que les éléments sont arrivés à un état de fermentation telle que si cette force était comprimée plus longtemps, le sphéroïde pourrait rompre sa croûte minérale. Pour éviter cette catastrophe, la nature paraît avoir donné aux feux des volcans la mission bienfaisante de purifier et de conserver tout ce qui pouvait s'altérer ou périr, en même temps qu'elle leur fournissait la force et les moyens nécessaires pour rejeter au dehors les substances qui ayant été élaborées, et qui n'offrant plus que des matières grossières et non nutritives ou non assimilables et désormais nuisibles aux fonctions internes du sphéroïde, devaient en être expulsées.

En effet, ou les éruptions volcaniques sont le résultat d'une fonction organique du globe, ou elles sont le produit d'un trouble intérieur, d'un événement extraordinaire. Dans cette dernière hypothèse, les suites ne pourraient qu'en être infiniment funestes au sphéroïde dont elles dérangeraient l'organisation interne, d'une part en diminuant sa masse centrale, et de l'autre en

surchargeant l'écorce minérale par la pesanteur considérable de ses produits refroidis à sa surface.

Pour se faire une idée de la grande quantité des produits et des masses de lave rejetés par les volcans, on
peut consulter le compte rendu par M. Desclozeau d'un
voyage qu'il a fait en Islande; il en résulte que la hauteur des masses de laves qui ont été rejetées est de qua-
torze à seize cents mètres.

Dans sa géologie, M. Lyel rapporte que le volume
de la lave rejetée par l'éruption de 1783 était, savoir :
pour la plus grande masse de 93 kilomètres de longueur,
et pour la moins grande de 74 kilomètres, en total de
167 kilomètres; la plus grande largeur était de 28 kilomètres et la seconde de 13 kilomètres, et que la hauteur
des deux courants était d'environ cent pieds et dans
quelques passages de sept cents pieds. En cubant la
masse, cela ferait, selon M. Élie de Beaumont, cinquante-
trois milliards de mètres cubes de lave, qui couvriraient
un espace de Paris à Dieppe. On voit par cette citation
quelle peut être l'importance des produits matériels rejetés
par les volcans; si l'on ajoute à ceci la quantité des matières rejetées par les trois cents volcans brûlants connus
aujourd'hui, on est bien forcé de convenir que si ces
masses n'étaient pas amenées de la surface de la terre
dans les entrailles du sphéroïde terrestre, et que si elles
étaient produites ou par les décompositions ou par les
effondrements de l'écorce intérieure, il en résulterait
des vides considérables dans cette écorce et qui en
causeraient la dislocation. D'un autre côté, si les matières sont amenées de l'extérieur dans l'intérieur par
les eaux courantes, elles le sont sans choix et sans dis-

cernement de la part de l'être organisé qui les reçoit pêle-mêle, les substances utiles comme celles qui lui seraient nuisibles; alors la nécessité de la sortie des substances qui ne lui sont pas assimilables est indispensable: en effet, si ces foyers volcaniques cessaient d'être en activité, l'écorce minérale du globe, contrainte de céder à la force de pression des vapeurs et des produits gazeux qui s'échappent de la masse centrale en fusion, se fendrait de toutes parts; le sphéroïde terrestre se brisant alors en éclats deviendrait inhabitable, et cesserait probablement d'exister dans l'espace.

Nous avons l'exemple sur les continents d'une foule de cratères qui se sont fermés; ne peut-on pas en conclure que les volcans permanents aujourd'hui peuvent cesser leur action, et qu'alors le défaut de volcanicité sur le globe sera peut-être un jour la cause qui amènera la fin de notre planète?

Si l'on remarque que les éruptions datent d'un laps de temps considérable, ainsi que nous le prouvent les traces des volcans éteints, et, chose notable, si ces éruptions se font toujours de la même manière dans quelques localités et à quelques époques qu'elles aient eu lieu, il faut bien convenir que ces éruptions si fréquentes, tellement répétées que l'on en reconnaît la présence pour ainsi dire de cinquante lieues en cinquante lieues sur le globe, auraient nécessairement dû altérer ou modifier les masses qui constituent notre planète et déranger l'ordre qui s'y fait remarquer. Ces désordres auraient vraisemblablement produit quelque changement ou dans sa température, ou dans sa marche, ou dans les autres phénomènes de son existence;

mais comme il n'en est point ainsi, que la durée de ses jours et de ses nuits est la même, que sa température l'est aussi, que sa marche n'a point varié, on doit en conclure que si la fréquence des éruptions volcaniques n'a apporté aucun changement à l'ordre de choses établi, elles doivent être l'effet d'une fonction naturelle du sphéroïde terrestre, d'une fonction organique ; elle ne peut dès lors avoir pour objet que de le débarrasser des matières qui le gênent intérieurement.

On pourra peut-être objecter que les produits actuels rejetés par les volcans n'ont pas la même composition que les produits des éruptions des temps antérieurs. C'est un fait qui confirmerait ce que j'ai avancé ; la cause en est que le globe terrestre qui se nourrit des débris de son écorce apportés par les eaux dans les gouffres, ne devait pas recevoir dans les temps antérieurs les mêmes substances, parce qu'à ces époques éloignées les matériaux qui existaient sur son écorce n'étaient pas les mêmes que ceux qui ont été déposés dans les terrains secondaires et tertiaires.

Si l'on n'admet point que les éruptions volcaniques sont le résultat d'une fonction organique naturelle, comment pourrait-on expliquer ces phénomènes éruptifs déjà si effrayants dans leur action, et qui le seraient bien davantage encore s'ils étaient l'effet d'un trouble dans la masse intérieure du globe, trouble qui si constamment répété sur la surface, devrait indispensablement causer par la suite sa destruction ? en effet, lorsque les substances qui doivent servir à l'alimentation de la masse centrale du globe y arrivent en trop grande abondance, les fluides et les gaz qui se dégagent par l'effet de la chaleur interne, pourraient s'y trouver comprimés au point de causer une rupture générale à l'écorce du globe, qui pourrait entraîner la destruction de tous les êtres organisés vivants qu'il est chargé de conserver à sa surface. C'est donc afin de prévenir cette catastrophe que les volcans débarrassent la masse interne du sphéroïde, par des éruptions et des déjections de matières qui pourraient lui nuire.

Ne reconnaissons donc dans cet effet, épouvantable pour nous, petits êtres qui existons à sa surface, qu'une des fonctions organiques du globe indispensables à sa conservation, que le résultat enfin d'une véritable digestion.

DES SÉCRÉTIONS.

On lit dans le Dictionnaire des Sciences naturelles, vol. XV, p. 75 : «La plupart des concrétions pierreuses se forment par une exsudation du suc pierreux des terres circonvoisines, et les filons métalliques sont non-seulement produits par des exhalaisons souterraines, mais par une sorte de sécrétion locale. Cette assertion, relative aux filons métalliques, est une erreur, ainsi qu'on pourra le voir au chapitre du système nerveux.

« On peut croire que certaines terres sont propres à former des matières particulières, telles que des sels, des pierres précieuses, des métaux, etc., à peu près comme dans l'homme le foie sécrète de la bile, les mamelles du lait, ou comme les diverses parties d'un arbre transforment sa sève en aubier, en gomme, en résine. De même les diverses humeurs du globe, si l'on peut s'exprimer ainsi, ses vapeurs, ses moffètes, et tout ce qui circule dans ses entrailles, peuvent se métamorphoser en plusieurs substances suivant la nature des terrains, et le travail particulier des matières qui les composent. »

D'après cet exposé, on ne peut douter que la terre ne produise différentes sécrétions particulières pour chaque genre de substances minérales. Celles qui affectent la forme de rognons, telles que les silex, les agates, les géodes, les pyrites, etc., rappellent par analogie les glandes des êtres organiques vivants. Si l'on ajoute à ce caractère, tiré de la forme extérieure, une autre considération que les sécrétions animales sont toujours d'une odeur fétide ou qui leur est particulière, ce sera encore un caractère qui, par analogie, rapprochera le sphéroïde terrestre des autres êtres vivants. En effet, 1° les pyrites manifestent une odeur de soufre bien reconnue ; 2° les silex, qui sont quelquefois en masses énormes et souvent sous forme de rognons, manifestent cette odeur propre au silex et si bien connue sous le nom de pierre à fusil, odeur pénétrante qui a quelque analogie avec les sécrétions des reins des animaux et dont les silex paraissent se rapprocher par leur forme.

Ces odeurs sont tellement caractéristiques, qu'il n'est point possible que les substances minéralogiques qui les présentent n'aient point pour but la sécrétion d'une humeur quelconque qui les pénètre.

Je regrette que, par des données anatomiques sur le

sphéroïde terrestre, il ne me soit point possible de préciser davantage des faits que je ne puis qu'indiquer, mais qui me paraissent d'une vraisemblance telle que, consciencieusement pour moi, je regarde comme une certitude les sécrétions du sphéroïde terrestre. Puisqu'il exerce cette fonction si importante de l'économie animale c'est donc un être organisé vivant.

DE LA TRANSPIRATION.

Qui n'a vu dans la campagne la vapeur qui s'élève de la terre à chaque instant du jour. Ces vapeurs ou exhalaisons sont vraisemblablement d'une nature différente des vapeurs qui s'élèvent des eaux ; de là viennent les différences qu'on remarque en chaque pays, en chaque saison, dans la nature de l'atmosphère; en effet, l'atmosphère doit être considérée comme le réservoir des fluides ou des humeurs qui, condensés par le froid excessif qui en enveloppe la partie supériure, ne peuvent en sortir, et redescendent à l'aide des météores atmosphériques, afin de porter, par leur circulation, dans le sphéroïde les principes de toutes les fonctions qu'il remplit.

Au printemps, en été, et sous les tropiques surtout, on remarque que les exhalaisons ou vapeurs s'élèvent de la terre en très-grande abondance. Si l'on ne reconnaît point dans ces effets une véritable transpiration, quel nom donnera-t-on à cette fonction, et dans quel but s'exercera-t-elle?

DE LA GÉNÉRATION.

La reproduction est le but essentiel de la nature dans les corps organisés, et toutes les forces vitales concourent d'une manière très-active à l'accomplir. Elle prend sa source chez l'être organisé ayant vie dans un excédant de la nutrition, qui, au terme du développement de l'individu, n'a pu être employé à l'accroissement général, s'isole alors en un ou plusieurs corps particuliers, et finit par se séparer de l'individu.

On ne possède point jusqu'à présent d'histoire véritable et physiologique de la génération, on n'a que des systèmes édifiés sur des observations détachées, et dont aucun ne s'applique à tous les corps organisés : toutefois il résulte de l'état actuel de la science et du petit nombre de faits reconnus, que les physiologistes établissent les corollaires suivants :

1° Que la génération appartient exclusivement aux corps doués de la vie;

2° Qu'elle a pour but de reproduire ou de conserver dans la nature des assemblages d'organes tendant vers un but commun (la création de séries successives d'espèces);

3° Qu'on peut considérer la génération comme une modification de la propriété générale de la matière sous le nom d'expansion, puisqu'elle agit de dedans en dehors ou par répulsion de molécules, de l'intérieur des corps vivants;

4° Que de quelque manière qu'un corps organisé arrive à la vie, il a, par cela seul qu'il vit, la faculté de procréer des corps semblables à lui-même;

5° Que, dans l'état actuel du globe, la plupart des corps vivants sont engendrés par d'autres corps vivants qui leur servent de parents. Que toute plante, tout animal tirent leur origine d'êtres absolument semblables à eux et en sont produits par l'acte de la génération; que c'est d'elle qu'émanent l'organisation et la vie de tout individu, soit qu'il vienne de graine, de semence, d'œuf, de germe ou de bouture, soit qu'il naisse vivant et parfait, ou qu'il soit sujet à des transformations postérieures;

6° Que le minéral, au contraire, n'engendre jamais; qu'il n'a ni famille ni espèce, qu'il est tout par lui-même, qu'il ne reçoit rien d'un autre semblable à lui, et qu'il reste toujours de même nature.

Tels sont à peu près les principes reconnus par les physiologistes, et décrits dans les livres de science pour établir les lois de la reproduction des êtres vivants et organisés. Je vais essayer de les appliquer au sphéroïde terrestre, ou d'indiquer les motifs qui s'y opposent.

La génération des mondes est, il faut en convenir, jusqu'ici, le secret de la nature; l'intelligence de l'homme n'a pu le pénétrer ; et s'il est possible de l'entrevoir, c'est à travers une obscurité si profonde ou dans un tel éloignement dans l'immensité de l'espace, que je n'ai point encore assez d'audace ou de conviction pour exprimer ma pensée. Toutefois, il ne m'est point possible de douter que le sphéroïde terrestre qui donne la vie avec tant de prodigalité sur toute sa surface, n'en soit doué lui-même avec la plus grande énergie. Il est un axiome reconnu, c'est qu'on ne peut donner ce qu'on n'a point ; et sa paternité est d'autant plus admirable qu'il anime des races, des familles sans nombre, qui ne lui sont point semblables, il est vrai, quant aux formes extérieures, mais dont les ressorts intérieurs et les fonctions vitales ont une telle analogie ensemble, qu'ils ne sont point étrangers les uns aux autres, et que si, à proprement dire, elles ne lui doivent point l'existence, on ne peut nier qu'elles ne seraient point sans lui.

Le sphéroïde terrestre vit et ne sent point ; réservoir immense d'un fluide vital qu'il distribue sans cesse, c'est une mère sans discernement. Véritable hermaphodite, il conçoit à chaque instant, porte dans son sein, enfante sans douleur comme sans plaisir, mais dispense la vie de tous côtés avec la profusion d'un créateur. Le minéral, affirme-t-on, n'engendre jamais ! Non il n'engendre point à la manière des brutes ; mais n'est-ce point lui qui anime la graine que l'on dépose dans son sein, qui la développe, la nourrit, et qui produit le fruit et la semence qui doit en perpétuer l'espèce ?

Le minéral le fait avec d'autant plus de générosité qu'il ne reçoit rien d'un autre semblable à lui, qu'il le fait sans espoir de récompense, de plaisir, de bonheur, ou de reconnaissance ; différent de l'animal qui, pour prix d'un plaisir momentané qu'il recherche avec fureur, procrée, dans l'ignorance de ce qu'il fait, un être semblable à lui. Si le minéral ne produit point un être de son espèce, il a fait bien plus encore en prodiguant ses émanations pour développer et donner la vie à la graine qu'il abrite, qui n'en eût jamais joui sans son secours, et qui restée à la surface de la terre, en butte aux variations de l'atmosphère, s'y serait desséchée ou décomposée sans sa bienfaisante assistance. Semblable au sphéroïde terrestre, dont il est une partie constituante, le minéral n'engendre point à la manière des animaux ; il fait plus : c'est un bienfaiteur qui fait éclore la vie chez l'individu qu'il anime aux dépens de sa propre substance.

Je puis au surplus objecter que tous les corps vivants ne sont point engendrés par d'autres corps vivants ; en effet, les corps organisés les plus simples, ceux qui ne consistent qu'en une trame celluleuse dénuée d'organes, ou garnie seulement d'un petit nombre d'organes, se forment journellement encore de toutes pièces par les seules forces de la nature, lorsque les circonstances favorables se trouvent réunies, c'est-à-dire la rencontre de certaines parties solides et liquides, sous l'influence de la chaleur, de la lumière et de l'électricité, ainsi que de diverses modifications, d'agents impondérés et incoërcés qui jouent vraisemblablement le principal rôle dans la production des phénomènes de la vie.

Il y a lieu de penser que ce pouvoir créateur, borné maintenant aux corps vivants les plus simples, s'est

étendu dans des siècles antérieurs aux temps historiques, à tous les êtres organisés qui ont peuplé la surface
de la terre.

Différentes théories ont été présentées sur la formation des planètes. Celle qui a eu le plus de succès admet
qu'elles ont dû être formées par des déjections fluides
lancées par le soleil, et que se réunissant loin de l'astre,
les matières qui les composent se mettant en équilibre,
elles tournèrent sur leur axe; que quelques matières
ayant échappé à l'agglomération, s'assemblèrent un
peu plus loin et formèrent les satellites qui furent retenus par l'attraction du globe principal.

Ne voulant pas entrer dans la discussion des théories
qu'il faudrait comparer ensemble, ce qui passerait les
bornes de mon ouvrage, j'avoue qu'il n'est point permis
de comprendre, à l'égard du sphéroïde terrestre, quel peut
en être le moyen de reproduction; la main du créateur
a caché ce mystère dans les cieux; toutefois les circonstances que je viens d'appliquer à la production de certains corps vivants, ne pourraient-elles pas s'appliquer
également à la production des mondes, ce qui paraît
d'autant plus admissible que la nature a dû employer
le moyen le plus simple, puisqu'elle a marché du simple au composé dans ses créations (ainsi que je l'ai déjà
dit dans les chapitres précédents)?

En admettant l'opinion d'un savant de notre siècle
(M. Delaplace), que le globe terrestre est une émanation du soleil, on peut en tirer l'induction qu'à cet
astre éclatant auquel tout notre système planétaire est
soumis, appartient toute seule la faculté générative des

mondes, et que le sphéroïde terrestre est semblable aux *métis*, à qui la nature a refusé la faculté de se reproduire. S'il n'en est pas ainsi, sa reproduction ne peut se faire que dans le vaste laboratoire de la nature (l'immensité de l'espace), dans lequel circulent, inaperçus pour nous, tous les éléments propres à la création des mondes. Enfin, il est à remarquer que la génération n'entre en exercice qu'après l'achèvement complet de la nutrition de l'être vivant. Le sphéroïde terrestre n'ayant peut-être point d'excédant de nutrition, il ne pourrait avoir de reproduction par lui-même.

La génération, au surplus, ayant par l'exercice même de cette fonction un but directement contraire à celui de la nutrition, puisqu'elle produit la diminution, la destruction de l'individu, en assurant l'existence de l'espèce qu'elle renouvelle par la reproduction, moyen admirable employé par la nature, pour rajeunir les espèces qui se détérioreraient, si chaque individu parvenait à une vieillesse décrépite par une longévité prolongée, le sphéroïde terrestre étant spécialement destiné à la conservation, et, pour ainsi dire, à la multiplication de la vie à sa surface, la nature, en lui faisant remplir la fonction de la génération, aurait porté atteinte au but qu'elle s'était proposé.

La fonction de la génération ou de la reproduction ne peut donc être exercée par ce grand être organisé, qui toutefois n'est pas moins doué de la vie que toutes les créatures qu'il conserve à sa surface ou qu'il alimente de sa propre substance ; car la vie ne consiste point dans la faculté de se reproduire, puisque les métis, qui sont bien vivants, ne reproduisent point leur espèce. Le sphéroïde terrestre a dû, pour la conservation de toutes les races, être privé de cette faculté aussi irrésistible que funeste, dont l'accomplissement procure à l'être organisé ayant vie, une ardeur proportionnée dans sa vivacité à l'intensité de son *effet destructeur de l'individu qui l'exerce*.

APPENDICE.

Telle est donc ma première pensée sur la grande question de la génération de notre planète ; mais ayant eu l'occasion, depuis que j'ai écrit ce chapitre, de méditer sur une théorie présentée par M. Poisson, au sujet du globe terrestre, tout en persistant dans la première opinion que je viens de développer, je crois devoir présenter un résumé de cette théorie, comme appendice, et faire connaître les déductions qu'il serait possible d'en tirer.

M. Poisson admet que le globe terrestre traverse dans les espaces célestes des zones de différentes températures ; que les unes peuvent être considérablement élevées ou échauffées, soit par le rayonnement des étoiles, soit par d'autres causes physiques ; que, dans cette circonstance, le globe y recevrait une température tellement élevée, que son écorce y passerait à l'état de fusion ; qu'ensuite, il traverserait d'autres zones à une température très-basse, et qu'alors la superficie du globe terrestre se refroidirait et se solidifierait ; il ajoute que nous nous trouvons à présent dans cette condition de refroidissement, et que, comme la marche du système solaire est excessivement longue, il serait possible qu'il mit plusieurs centaines de millions d'années à traverser cette zone avant de passer dans une autre (1).

La théorie de M. Poisson ne peut qu'être fondée sur des raisons au moins probables, si elles ne sont pas certaines, car ce mathématicien était trop consciencieux dans ses travaux pour avancer au hasard une théorie de cette nature. En l'acceptant donc sans discussion, on peut toutefois, je le pense du moins, demander dans quel but le globe passerait-il ainsi d'une zone de température basse dans une autre plus élevée? Quelle nécessité y a-t-il qu'il subisse ces variations, pour remplir sa mission dans l'ordre de la nature?

La planète que nous habitons existe parfaitement dans

---

(1) Ce nombre d'années paraîtra peut-être considérable aux personnes qui n'ont point connaissance des lois de la chaleur; mais lorsqu'on les compare avec le temps qui serait nécessaire pour le refroidissement de la masse du globe terrestre, elles exigeraient plusieurs milliards d'années pour l'effectuer complétement, d'après les calculs de MM. Fourier et Poisson.

L'imagination se confond souvent à l'idée du nombre immense d'années que la nature emploie dans ses actions; mais le temps, si borné pour nous, n'est rien pour elle, qui est aussi vaste dans ses opérations qu'on peut imaginer l'espace dans son étendue, dont l'homme ne peut concevoir les limites.

C'est ainsi, par exemple, que la lumière, qui met huit minutes à nous parvenir du soleil, distant de trente-quatre millions de lieues de la terre, met trois ans à nous parvenir de Syrius, qui est l'étoile la plus rapprochée de notre planète.

J'ai même entendu dire à M. Arago, dans son cours de l'année 1845, qu'il est des étoiles à une telle distance de notre globe, que la lumière, en parcourant l'espace avec la même vitesse, met un million d'années à arriver sur la terre.

la zone où nous nous trouvons à présent ; elle y exécute toutes ses fonctions ; sa marche, ses mouvements y sont parfaitement réglés ; tous les corps organisés existant à sa surface y vivent et seraient détruits s'il se faisait quelque modification à l'ordre actuel. Pourquoi le globe serait-il donc ainsi soumis à des changements alternatifs de température ? Comme rien ne se passe dans la nature sans qu'il y ait un but utile, en admettant la théorie de M. Poisson, ne serait-il pas possible d'en tirer cette induction, que c'est à l'époque de la température élevée à laquelle le globe serait soumis, que les germes ou les atomes destinés à concourir à la formation des autres globes, pourraient s'échapper de sa masse et se répandre dans l'espace, ne se trouvant plus retenus dans l'intérieur par l'écorce extérieure qui serait entrée en fusion. Il y aurait alors dans cette circonstance une opération analogue à celle de l'*expansion*, que les physiologistes admettent, et que j'ai citée au paragraphe 4 de la page 1re de ce chapitre de la Génération.

Le motif de cette chaleur excessive donnée au globe terrestre aurait alors pour effet la répulsion des molécules de l'intérieur à l'extérieur.

Alors on peut concevoir pourquoi la planète serait soumise à cette obligation de passer ainsi successivement d'une zone froide dans une autre zone d'une température excessivement élevée. Dans cette hypothèse, le but de la nature s'expliquerait ; si on ne l'admet pas, on ne peut se rendre aucune raison du motif de ce passage du globe dans des zones alternatives de fusion ou de réfrigération.

Par cette explication le mystère de la génération des mondes se développerait à nos yeux; ce ne serait plus une chose obscure, étrange, incompréhensible; ce serait une fonction analogue à celle de l'*émission* ou de l'*expansion* qui s'opère tous les jours chez les êtres organisés; c'est à la vérité un mode de reproduction particulier au globe, mais qui présente encore de l'analogie avec l'incubation, dont l'objet est de développer les germes par une action calorifique. Ce qui se passerait dans l'hypothèse dont il s'agit aurait donc pour effet de développer par un calorique excessif les germes producteurs des planètes qui, se répandant dans l'espace, s'y mettraient en rapport avec les fluides et les autres substances ou corps qui y circulent, et qui par des actions électro-chimiques concourraient à l'organisation et au développement de nouvelles planètes.

Cette explication serait encore conforme aux lois et aux moyens généraux que la nature emploie; elle me paraît assez rationnelle pour être admise, en acceptant l'hypothèse de M. Poisson, et elle ne détruit point même tout ce que j'ai dit dans ce chapitre en faveur du minéral.

En ne présentant au surplus cette hypothèse que comme une déduction tirée de la théorie de M. Poisson, et par respect pour sa science, je m'en réfère entièrement, pour la fonction de la génération, à l'égard du globe terrestre, à ce que j'ai écrit à ce sujet dans ce chapitre.

Cette discussion conduit au surplus naturellement à la question de savoir comment se forment les planètes.

Un grand nombre de théories ont été présentées à ce sujet : les bornes que je me suis prescrites dans cet ouvrage, entièrement physiologique, ne me permettent pas de discuter ces différents systèmes, qui se rapportent aux sciences de l'astronomie et de la physique ; toutefois je pense que mes lecteurs me sauront gré de la théorie nouvelle que je leur soumets ici.

Si la physique et l'astronomie m'ont prêté des lumières pour tirer des inductions probables sur les premiers éléments de la formation du globe terrestre, l'étude de la géologie m'a fourni les moyens de reconnaître comment se sont vraisemblablement opérées les formations successives pour en compléter l'organisation.

Puissé-je convaincre mes lecteurs, ainsi que je le suis moi-même ; car pour un auteur consciencieux, rien n'est plus désespérant que de n'être point compris.

Voici donc quelques détails sur la formation des planètes :

Qu'il y ait un système de génération dans les corps planétaires comme dans les autres corps organisés, ou qu'il n'y en ait pas, toujours est-il qu'ils ont été formés ; mais en supposant, ainsi que je le dis dans ce chapitre, que la fonction de la génération ou de la reproduction ne soit point exercée par le globe terrestre, ne pourrait-on pas concevoir comment la production des mondes a pu s'effectuer d'une autre manière, c'est-à-dire comment les molécules organiques qui les constituent ont pu apparaître et se réunir pour le former ?

S'il n'y a point eu de génération par émission, ne se peut-il point que dans l'espace il existe une substance particulière, diffusible, expansible à l'excès, que les physiciens ont nommée éther, et qui, combinée avec les corps fluides ou gazeux ou galvaniques, électriques ou magnétiques, et autres qui nous sont inconnus, puisse être susceptible de se modifier d'une infinité de façons, et produire alors toutes les substances solides dont cette matière éthérée est le principe unique (peut-être même est-elle la matière séminale qui produit les mondes)?

Lorsque la matière éthérée a éprouvé quelques combinaisons, il en résulte un effet de condensation qui produit dans l'espace une réunion d'atomes. D'après la loi des affinités, les atomes s'agglomèrent et deviennent des corpuscules. Ces molécules organiques ne restent pas immobiles; en raison des affinités de ces corps, de leurs sympathies ou de leurs antipathies, il se manifeste des mouvements d'attraction ou de répulsion qui, formant une sorte de tourbillonnement général, a dû produire par le mouvement une chaleur, laquelle aura mis en fusion d'abord les parties des métaux les plus fusibles. La température élevée que la fusion aura développée a dû encore augmenter le flux de chaleur primitivement effectué : par ce calorique continuellement émis, des gaz se sont dégagés, des matières sont entrées en fusion, d'autres plus légères ou moins fusibles se sont sublimées, d'autres se sont vaporisées, tous les corps ont pris leur place en raison de leur densité, et par l'effet de la gravitation; toute la masse enfin étant liquéfiée, il en est résulté un bain entier de matières en fusion sous l'influence de la haute température causée par les mouvements de l'attraction moléculaire et des réac-

tions chimiques qui devaient avoir lieu dans ce phénomène. (Telle est la cause de la chaleur originaire du
globe, et dont il a conservé une partie jusqu'ici.)

La masse du globe terrestre en fusion a pris alors la
forme d'un sphéroïde aplati vers les pôles, résultat
physique de l'action de sa pesanteur combiné avec sa
rotation sur elle-même. Cette masse en fusion roulant
dans l'espace, dont la température était bien au-dessous
de la sienne, s'est refroidie peu à peu extérieurement,
et sa surface se combinant avec l'oxygène, s'est solidifiée
pendant que sous cette croûte l'intérieur est resté en
fusion, ainsi qu'il est aujourd'hui.

Mais la température en baissant produisit une diminution de volume dans la masse interne du globe; il en
résulta des vides sous l'écorce minérale qui se brisa en
cédant à la force de pesanteur. — Les parties de l'écorce
disloquée vinrent comprimer le fluide intérieur qui, se
rapprochant alors des parties de l'écorce, contribua encore à sa démolition, et la matière fluide intérieure pas-
sant par les fissures vint se solidifier par-dessus la première écorce. — C'est alors que l'enveloppe brisée de
toutes parts flotta sur la masse fluide intérieure présentant l'aspect des glaçons sur un fleuve pendant une dé-
bâcle.

Des parties se relevèrent, d'autres s'abaissèrent, d'autres s'enfoncèrent, d'autres se seront amoncelées par-
dessus les premières en se plaçant tantôt sur leurs
tranches, tantôt sur leurs bases, en formant des aspé-
rités à la surface de l'écorce minérale. Lorsque le mouvement de balancement et de bascule a cessé, les parties

se sont soudées ensemble, présentant des proéminences et des enfoncements qui furent les premières montagnes et les premières vallées du globe.

Cette nouvelle écorce ainsi formée se refroidit de nouveau au contact de l'atmosphère; les eaux qui y étaient vaporisées ou à l'état de gaz s'y condensèrent alors en descendant à la surface du globe; elles se rassemblèrent dans les anfractuosités de l'écorce en y formant les mers, les lacs, les fleuves et les rivières qui n'ayant point encore de lits creusés devaient se précipiter en torrents des hauteurs dans les bas-fonds; le contact de ces eaux refroidies sur l'écorce, alors d'une température plus élevée, a dû la faire fendre. Par l'effet du retrait qu'elle a éprouvée, l'eau, s'introduisant par les fissures multipliées de cette écorce sur la masse intérieure incandescente, a dû causer des effets de vapeur violents; ils ont réduit en fragments cette croûte encore peu solide, les ont remués dans tous les sens, en les entrechoquant les uns les autres; il a dû alors se produire des masses sédimentaires, détritus des premières matières solides du globe et qui ont servi d'éléments aux roches postérieures : enfin les eaux, vaporisées d'une part par la chaleur de l'écorce reconsolidée de nouveau, mais qui, présentant parfois des parties peu épaisses, devait exhaler à ces places une température élevée provenant de la chaleur centrale; d'un autre côté les eaux étant vaporisées par l'action du soleil, il en résulta que, remontant dans l'atmosphère en vapeurs considérables, elles retombaient ensuite avec abondance par leur condensation, et, dans leur course rapide sur l'écorce terrestre, elles entraînaient toutes les parties meubles des terrains qu'elles sillonnaient et qui résultaient du brisement des roches que les premiers cataclysmes avaient rompues, broyées et réduites en parties arénacées par les mouvements de va-et-vient qu'elles avaient dû éprouver. C'est ainsi que les eaux déposèrent d'abord les gros fragments, les parties concassées ensuite, enfin les parties arénacées qui formèrent alors les dépôts sédimentaires prolongés.

Ces cataclysmes ont pu se renouveler plusieurs fois par les mêmes causes, puisque la masse entière du globe se refroidissant incessamment, il pouvait, au bout d'un certain laps de temps, se reformer des vides sous l'écorce, qui, n'offrant pas assez de rigidité, pouvait encore céder à sa pesanteur. Il en sera résulté que les parties primitivement solidifiées ont dû être soulevées de nouveau, et que les dépôts sédimentaires déposés d'abord dans des bas-fonds ont pu se trouver portés par-dessus les montagnes.

Mais l'abaissement continuel de la température provenant de ce que le flux de chaleur du globe diminuait sans cesse la solidification constante de l'écorce, a pu s'effectuer par l'épaississement des matières surnageant le bain : alors les matières métalliques injectées en filons n'ont plus pénétré que dans les fissures; les argiles se sont étendues sur les terrains pour contenir les eaux, et l'organisation du globe terrestre s'est ainsi complétée; le calme succédant aux bouleversements, le sphéroïde terrestre, enfin constitué, a pu exercer les fonctions organiques nécessaires à son existence tranquille et tempérée, de manière à permettre aux premiers corps organisés de paraître à sa surface.

C'est ainsi, je pense, que l'étude de la géologie et des autres sciences physiques permet de concevoir les premiers éléments qui ont commencé le globe, et successivement les autres phénomènes qui ont complété son organisation. Nous les considérons comme des bouleversements, des révolutions; mais pour des corps planétaires, elles n'étaient que des actions nécessaires à la solidification de l'écorce minérale ainsi qu'à la formation et au développement des organes du globe terrestre.

ORGANES

DU

SPHÉROÏDE TERRESTRE.

Après avoir décrit les différentes fonctions exercées par les corps organisés, je vais examiner si le sphéroïde terrestre est pourvu d'organes.

S'il m'a été possible de trouver une analogie frappante entre les fonctions exercées par les êtres organisés et les actions vitales qui se passent dans le sphéroïde terrestre, et qui constituent de véritables fonctions nécessaires à l'entretien de l'existence de l'individu; j'ai dû éprouver de grandes difficultés pour reconnaître et indiquer les organes de ce grand être. Le globe terrestre nous est si peu connu à sa surface, sous le rapport physiologique ou anatomique, et à son intérieur les hommes ont pénétré à des distances si peu profondes (environ 12 ou 1500 pieds), et dans des localités si éloignées les unes des autres, qu'il est difficile d'établir des observations fondées sur des faits bien positifs. La franchise de mon aveu prouvera à mes lecteurs que je

n'ai point la prétention de former un système; en effet,
il m'eût suffi de présenter l'analogie des fonctions pour
l'établir, sans décrire les organes qui exercent ces
fonctions; mais on se convaincra que je désire fonder,
sur le plus de bases possibles, l'opinion que j'ai que le
sphéroïde terrestre est un grand être organisé vivant,
et que je voudrais faire passer cette conviction dans
l'âme des personnes qui me liront, afin de déterminer
à faire des observations et des recherches qui prouve-
raient par la suite que j'ai soulevé un coin du voile qui
couvre le mystère de la nature à ce sujet.

La première pensée que fera naître ce chapitre sera
peut-être que le mode d'organisation de l'espèce humaine doit être le type des autres organisations; ce serait une idée fausse que je dois d'abord détruire. La
nature a varié les organisations à l'infini, dans toutes
les espèces. Les unes ont un certain nombre d'organes,
les autres en ont moins; certaines classes sont douées
de facultés dont les autres sont privées; mais ils n'en
vivent pas moins.

Quels que soient le nombre et la nature des organes que
nous allons reconnaître chez le sphéroïde terrestre, po-
sons en principe que la vie ne réside point dans les
organes, mais que seulement l'organisation est une
preuve de l'existence; si donc le globe terrestre est organisé, il jouit de la vie.

Nous allons examiner si, pour remplir les fonctions
organiques que nous avons décrites dans les chapitres
précédents, le sphéroïde terrestre est pourvu d'organes
particuliers nécessaires à l'exercice de chacune d'elles;

en effet, il eût été possible que son organisation plus simple lui eût permis d'exercer ces fonctions au moyen d'une faculté commune, qui ferait que chacune de ces fonctions partant d'un centre commun recevraient de ce centre une spontanéité telle qu'elles s'exerceraient au moyen des lois d'affinité ou de répulsion.

On a vu précédemment que le globe terrestre exerçait des fonctions analogues à celles des corps organisés vivants, et que diverses parties qui constituent son écorce minérale peuvent être considérées comme les organes auxquels ces fonctions sont confiées; mais, comme en examinant la longue chaîne des êtres organisés, on remarque que les différentes classes ne sont pas pourvues des mêmes organes, on doit alors s'attendre à ne point trouver, développés dans le sphéroïde terrestre, tous les organes que l'on connaît dans les autres corps organisés, et cela parce qu'il est d'une organisation moins composée que les autres, et qu'il n'avait pas besoin de ces organes pour se mettre en rapport avec les corps célestes, dont il doit être éloigné, au contraire, pour sa conservation. C'est ainsi que l'on a vu, dans les chapitres précédents, qu'il n'avait point de sens, point d'organes de locomotion, et qu'il ne doit point avoir de cerveau, ce qui ne l'empêche point d'être pourvu d'un appareil nerveux.

Nous croyons donc devoir rappeler ici sommairement quelles sont les parties de l'écorce minérale qui nous paraissent destinées à remplir les fonctions d'organes.

Pour la circulation, on a vu que les *argiles* remplissent parfaitement la fonction d'organes circulatoires.

Pour la respiration, les *végétaux arborescents* sont des organes absorbant l'air atmosphérique, conservant le carbone et rendant l'oxygène ; c'est une respiration qui, si elle n'est point semblable, est au moins analogue à ce qui se passe chez d'autres êtres organisés.

Pour la nutrition, on a vu que les *gouffres* étaient les orifices par lesquels l'alimentation du globe s'opère, et que les *volcans* sont le terme des organes de la digestion rejettant au dehors les parties qui ne sont point assimilables.

Les couches perméables de l'écorce sont les organes absorbants.

Les *micaschistes*, les *gneiss*, les *schistes*, et toutes les roches feuilletées pourraient en être les organes exhalants.

Enfin, je crois, d'après l'hypothèse de Haller, avoir reconnu un organe central qui, ainsi que le cœur chez les êtres organisés vivants, donne l'impulsion à toutes les fonctions vitales ; j'en ai fait l'objet d'un chapitre particulier, sous le titre de cœur.

CONCLUSION.

On peut reconnaître dans le globe terrestre deux sortes d'organes :

1° Les extérieurs, qui servent à la respiration, à la circulation, à l'absorption ; car on ne peut nier que l'atmosphère, les mers, les fleuves, et toutes les eaux courantes, n'aient eu des actions très-marquées sur la surface du globe, puisqu'il en a conservé les traces qui n'échappent point aux observations des géologues ;

2° Des organes intérieurs d'où résultent des actions encore bien plus actives ; telles sont les tremblements de terre, les volcans, tous les phénomènes éruptifs.

En examinant cette foule d'actions, ne doit-on pas être convaincu que le globe terrestre n'est pas une masse inerte de matière morte, et que, loin d'être privé de la vie, il exerce les fonctions des corps organisés vivants (1)?

---

(1) M. Élie de Beaumont a dit, dans sa leçon du 22 décembre 1846, au collège de France : « En examinant le globe terrestre on remarque une foule d'actions : tout privé de vie qu'il paraît, on peut dire qu'il a des organes intérieurs et des organes extérieurs. »

D'après une autorité aussi consciencieuse que celle de M. de Beaumont, on ne peut se refuser de reconnaître que le globe a des organes ; mais s'il a des organes, c'est donc un corps organisé ; si c'est un corps organisé, il ne peut être privé d'une sorte d'existence qui a dû commencer lorsque ces organes ont été formés, après que son écorce solide primitive ou cristalline a été constituée. Cette foule d'actions qui se passent dans le globe dont parle M. de Beaumont, cesseront quand les organes du globe cesseront de fonctionner, n'est-ce pas là la vie ?

APPAREIL NERVEUX.

Le système nerveux a pour organes, dans les êtres organisés vivants, le cerveau, la moelle épinière, et les nerfs qui y prennent leur origine.

Les animaux doués d'un squelette articulé, d'une colonne vertébrale et d'un crâne, ont un cerveau ; les animaux sans vertèbres n'en ont pas, mais seulement ils ont un ou plusieurs ganglions qui en tiennent lieu.

Tout animal vertébré a deux systèmes nerveux, par la raison qu'il exerce deux espèces de fonctions vitales, c'est-à-dire une vie générale et une vie particulière. La vie générale est commune à toutes les espèces d'animaux ; elle consiste dans la nutrition, la respiration, la circulation et les sécrétions ; la vie particulière n'appartient avec la première qu'aux seuls animaux vertébrés ; elle consiste dans l'organe du cerveau, et dans les nerfs qui en émanent et qui sont soumis à *la volonté réfléchie* de l'être qui en est pourvu. Chacune de ces vies est gouvernée par un système nerveux qui lui est propre, l'un général ou commun à tous les animaux, le second particulier aux espèces douées de la seconde vie.

Le système nerveux de la vie générale est un assemblage assez nombreux de filets nerveux dont les diverses branches se réunissent ou s'entre-croisent en plusieurs sens ; il préside à toutes les fonctions de la vie intérieure.

Si je ne puis décrire l'appareil de ce système dans le sphéroïde terrestre, à défaut de connaissances anatomiques suffisantes du globe, toutefois je ne puis douter qu'un fluide, *analogue au fluide nerveux*, n'y soit répandu avec profusion.

Si l'on considère les effets universels et merveilleux des puissances magnétiques, galvaniques et électriques (1), il y a tout lieu de croire que ces puissances, qui ont entre elles une si grande analogie, sont le fluide nerveux de la terre. M. Élie de Beaumont a dit dans sa leçon du 17 mars 1846, au collège de France : « Le galvanisme et l'électricité ont eu une grande action dans la production des filons. » En effet, lorsque l'on observe attentivement tous les rapports et la sympathie universelle que ces fluides exercent sur les métaux, on est conduit naturellement à penser que les filons métalliques peuvent être considérés comme l'appareil nerveux de ce grand être organisé.

On ne peut nier qu'en mettant deux métaux en rapport, on n'obtienne une manifestation irrécusable d'un fluide agissant sur les nerfs des animaux, avec une force et une activité tellement remarquables, que plusieurs heures après leur mort on leur fait exécuter des mouvements. Ce fluide émane indubitablement des métaux qui servent à l'expérience.

On doit dès lors penser que les métaux répandus dans

---

(1) M. Becquerel en démontre les actions avec tant de lucidité dans ses cours, qu'on ne peut douter de leur influence sur tous les phénomènes dont le globe est le théâtre

les couches intérieures du globe, soit en masses, soit en filons(1), ont pour objet d'y servir de conducteurs à un fluide d'une nature particulière, et dont l'action a pour objet d'entretenir sans cesse le feu sacré de la vie dans toute l'immensité de l'être organisé dont nous nous occupons ici. S'il en était autrement, comment expliquer l'existence des filons ou des fentes de montagnes, comment aurait-il pu se faire qu'ils se remplissent de minerai, quelquefois en énorme quantité, tandis que les lieux voisins n'en offrent pas la moindre trace? Ces filons sont donc le résultat d'une action organisatrice; ils ne peuvent être l'effet du hasard puisqu'on les trouve répandus dans un grand nombre de localités, toutes les fois qu'on pénètre dans l'intérieur de la croûte du globe; ils y présentent des épaisseurs différentes qui diminuent en s'allongeant et se ramifient en veines et en veinules. Enfin les amas peuvent être considérés comme les ganglions de ce système nerveux; si l'on avait poursuivi les filons exploités à une assez grande profondeur, on aurait reconnu vraisemblablement qu'ils communiquent à la masse centrale du globe, ou au tronc dont parle Lehman(1), et cela est si probable que, quand un filon vient à se perdre, si le mineur remarque dans la roche une pierre pourrie, qui paraisse être un prolongement du filon métallique, on est presque toujours assuré qu'en poussant les travaux sur cette veine, on ne tardera point à retrouver de bon minerai. On ne peut pas penser que les métaux ou les filons métalliques soient le produit des roches, où on les rencontre, car des groupes sembla-

---

(1) Lehman, auteur de l'art des mines, dit, dans son Traité des matières des métaux : « Les filons ne sont autre chose que les branches d'un énorme tronc placé dans le sein de la terre. »

bles affectent des gisements différents souvent dans deux pays. La manière dont les filons métalliques sont disposés en rameaux, partant du centre pour se rendre à la circonférence, prouve qu'ils n'ont point été influencés dans leur formation ni produits par les roches au sein desquelles on les trouve, mais qu'ils sont le résultat de forces centrales et intérieures, et l'effet d'un principe organisateur qui les a distribués de manière à ce qu'ils excitent par des effets, peut-être électro-chimiques et thermo-électriques, une irritabilité nécessaire à la vie intérieure du globe terrestre.

Sans faire intervenir des causes mystérieuses dans la formation des filons métalliques, il faut admettre que la nature a eu un but en les formant, et quel est-il si ce n'est celui que je leur attribue ?

Il y a des géologues qui ne donnent point aux roches métalliques toute l'importance qu'elles méritent dans la constitution du globe terrestre, parce que ces roches ne se présentent point en grandes masses, qu'on ne les rencontre qu'en amas considérables ou en filons, mais c'est précisément cette disposition de filons répandus et prolongés dans toute l'étendue de l'écorce, depuis les plus grandes profondeurs jusqu'à la superficie du sol, qui indique qu'ils doivent être destinés à remplir des fonctions très-utiles, en raison des propriétés magnétiques et électro-chimiques qu'ils manifestent avec une sensibilité si remarquable. On ne peut nier qu'ils ne servent de conducteurs aux fluides répandus dans l'écorce terrestre, et que ceux qu'ils produisent ou laissent échapper, quand on les soumet à des épreuves physiques, n'aient la plus grande analogie avec le fluide nerveux que l'on suppose exister dans les nerfs des animaux.

Toutes les considérations ci-dessus exposées doivent conduire à penser que les métaux n'ont point été placés dans la terre afin que l'homme les en arrache péniblement pour satisfaire à ses besoins ou à son luxe; qu'ils ont une mission bien plus utile à remplir, et qu'ils exercent, à l'égard du sphéroïde terrestre, une fonction analogue à celle du système nerveux chez les animaux.

Les filons métalliques sont donc l'appareil nerveux du sphéroïde terrestre.

DU CERVEAU.

Lorque nous avons traité du système nerveux, nous avons dit que les physiologistes ont reconnu que les animaux sans vertèbres n'ont que la vie primitive, qu'ils sont seulement pourvus du système nerveux général qui remplit toutes les fonctions nécessaires pour activer la vie générale. Nous ajouterons que n'étant point doués de la vie particulière dont le centre d'activité réside dans le cerveau, ils sont privés de cet organe. Chez les animaux sans cerveau, le seul instinct les dirige sans la moindre opération de *l'esprit* ou de *la volonté*; aussi remarque-t-on que toutes leurs actions sont toujours les mêmes, sans être plus ou moins parfaites. Elles s'exécutent machinalement, sans réflexion, comme sans examen de la part des individus. Leurs mouvements organiques viennent du principe vital qui les anime et qui opère tout en eux, mais ils ne sont rien par eux-mêmes; l'instinct est une impulsion toute physique et non raisonnée chez l'être organisé ayant vie, il est forcé de faire une chose sans pouvoir s'en défendre et sans avoir été instruit à la faire.

Telle a été l'organisation du sphéroïde terrestre; semblable à un nombre considérable d'espèces d'animaux, qui n'ont point de cerveau, il est également dépourvu de cet organe. Ce n'est donc point une exception à la loi générale, qui lui soit particulière. Il ne devait point être une créature intellectuelle, parce que s'il eût eu l'organe des affections morales ou des sensations, toute la création dont il entretient la vie eût été dans un danger trop imminent; mais il n'en est pas moins doué de la vie générale, c'est un grand être *organisé*, *acéphalé*, comme il en existe tant d'autres dans les différentes classes de la création.

DU COEUR.

Le cœur est le premier organe formé dans l'être organisé vivant, le premier en action; on l'aperçoit dès que l'organisation devient apparente; il n'est toutefois un organe essentiel à la vie que dans quelques classes du règne animal, car il en est qui existent sans lui; on a même vu des poissons, des grenouilles, des serpents, subsister pendant plusieurs jours, après que le cœur leur avait été arraché.

Si on voulait donner une définition générale et susceptible de s'appliquer également à tous les organes qui portent le nom de cœur, dans le règne animal, il faudrait se borner à dire que c'est un des principaux agents de la circulation, *l'organe impulsif du centre vers la circonférence*. Les variétés presque sans nombre que sa disposition présente quand on l'étudie chez les divers animaux qui en sont pourvus, en font un organe qui serait alors fort difficile à décrire.

Chez tout être organisé ayant vie, le cœur est situé au centre de l'individu, et le but de la nature dans cette position paraît être de lui conserver le degré de chaleur si nécessaire à l'existence de l'être organisé; c'est donc la partie de l'être ayant vie où le calorique se trouve le plus concentré, c'est de ce foyer qu'il part pour se rendre dans tout l'être organisé et l'animer par le feu de la vie, car il suffit de la privation de cette chaleur pour que la partie soit frappée de mort.

Si la continuité, la force et la régularité des mouvements du cœur excite la surprise des physiologistes, ce qui se passe dans l'intérieur du sphéroïde terrestre ne mérite pas moins d'exciter notre attention.

Suivant l'hypothèse de Haller, la majeure partie du sphéroïde terrestre est à l'état liquide; mais dans son milieu il existe un *noyau magnétique*; ce noyau a un mouvement de rotation différent de celui de la rotation de la terre; ce corps particulier ou ce noyau est différent de celui de la terre, c'est-à-dire de la masse centrale; son axe n'est pas le même. Enfin, il paraîtrait mis en mouvement par une action semblable à celle de l'anneau de Saturne.

L'existence de ce noyau paraît aujourd'hui prouvée par les expériences faites sur la déclinaison et sur l'inclinaison de l'aiguille aimantée. En considérant ce noyau, en réfléchissant à son mouvement particulier, à l'influence immense des phénomènes magnétiques sur les substances qui composent le sphéroïde terrestre, ne peut-on point présumer, avec quelque vraisemblance, que les mouvements de ce noyau ont une grande analogie avec les battements du cœur chez les animaux, battements qui portent la vie dans tout le système et qui s'arrêtent aussitôt qu'elle cesse d'animer l'être qui en est doué?

Les anciens avaient imaginé que le cœur était le réservoir d'un feu inné; Sylvius de Leboë prétendit expliquer son action par une effervescence particulière; Stahl y plaça une sorte d'âme. C'était une erreur : les affections morales dont on place généralement, dans le langage habituel, la cause dans le cœur, n'y existent réellement point, puisque cet organe est peu sensible par lui-même. Stahl fut trompé par une correspondance de sympathie qui existe entre le cerveau et l'organe dont nous nous occupons, et de laquelle il résulte que les passions portent leur affection sur ce muscle; c'est ainsi que dans la colère le cœur bat avec une extrême violence, qu'il palpite dans l'amour et qu'il se ralentit dans la crainte.

Ces variations dans le mouvement du cœur, ou de

l'organe central de l'individu chez les animaux, n'ont point lieu pour le noyau central du sphéroïde terrestre, parce que ce grand être ne devait point éprouver de sensations ni d'affections morales qui, en portant le trouble dans son organisation, l'eussent empêché de remplir sa mission dans l'univers.

Nous n'en devons pas moins conclure qu'ainsi que le cœur se trouve placé dans la partie de l'être organisé où le calorique est le plus concentré, de même le noyau magnétique qui a un axe et un mouvement différent de celui de la terre, est placé dans la masse centrale du globe qui possède un degré de chaleur si considérable, que les substances les plus infusibles pour nous s'y trouvent en fusion ; que ce noyau est bien l'*organe impulsif du centre vers la circonférence*, ainsi que les physiologistes décrivent le cœur, et qu'il a réellement pour objet de remplir, à l'égard du sphéroïde terrestre, les mêmes fonctions que le cœur chez les animaux.

LOCOMOTION ET MOUVEMENTS

DU GLOBE.

Les mouvements du sphéroïde terrestre, comme ceux des animaux, sont de deux natures, on peut les diviser en mouvements extérieurs et en mouvements intérieurs; ces derniers étant l'effet d'un mouvement vital ont été rapportés au chapitre *Motilité*. Nous ne devons traiter ici que des mouvements qui se passent à l'extérieur; ils tiennent au mode de locomotion du sphéroïde, car, n'ayant point de membres articulés, il ne peut exécuter les divers mouvements résultant des articulations. La nature ne lui en a point donné, parce qu'il n'avait point de proie à saisir ni d'ennemis à éviter ou à combattre.

Différente du mouvement vital, la locomotion est la faculté qu'ont les animaux de se mouvoir volontairement ou machinalement. Quelques plantes ont des mouvements particuliers, mais ils sont spontanés; ils ne sont point volontaires, parce que la plante n'a point de sensations, elle ne peut connaître ni vouloir. La locomotion exigeait dans les animaux une certaine organisation, un pouvoir physique dans les parties qui constituent l'animal. Ce pouvoir ne devait faire changer le corps de place qu'en s'exerçant sur les objets qui l'environnent, et en lui faisant trouver sur eux la résistance nécessaire pour le pousser de l'endroit où il est dans un autre. Ainsi, l'animal avait besoin de pouvoir étendre et fléchir quelques-unes de ses parties afin de prendre un point d'appui sur les corps soit solides, soit liquides qui l'entourent, et de recevoir d'eux, en même temps qu'il les repousse, la commotion nécessaire pour le faire avancer. Il fallait que cette extension et cette flexion pussent s'opérer par un mouvement intérieur arbitraire de l'appareil nerveux et par sa conséquence nécessaire *la sensibilité*. Telle est la définition que les physiologistes donnent des motifs de la locomotion, et des moyens de l'exécuter de la part des animaux.

Ils divisent les mouvements volontaires des animaux de la manière suivante : la station, la marche, la course, le ramper, le glisser, le saut, le vol, la nage, le grimper, l'action de saisir ou d'embrasser, celle de s'attacher ou de se coller, comme les patelles, les sangsues. On doit y ajouter *la rotation* ; la terre tourne sur elle-même avec une vitesse presque triple de celle d'un boulet de canon, et cette vitesse journalière n'est presque rien, car celle avec laquelle elle décrit son cercle annuel, et nous emporte autour du soleil, est soixante-quinze fois plus grande que celle d'un boulet de canon.

Le mouvement du sphéroïde terrestre, dira-t-on, n'est qu'un mouvement unique qui n'admet aucune variation, tandis que celui des animaux leur permet de se transporter dans tous les sens et dans tous les lieux.

Leur marche n'est point circonscrite, ils vont en avant,
en arrière, à droite et à gauche, en haut et en bas.

De tous les êtres vivants, l'homme est sans contredit
celui dont la marche est la plus variée; il existe dans
l'un et dans l'autre hémisphère, sous tous les climats;
et pourtant sa marche est circonscrite, car s'il s'élève
de quelques toises dans l'air ou qu'il s'abaisse de quelques autres dans les profondeurs de la terre, il cesse
d'exister. Il est donc limité dans les bornes assez étroites
d'une atmosphère d'environ deux lieues; la nature a
donc borné là sa marche, qui, au premier coup d'œil,
paraît si variée.

Le sphéroïde terrestre, par le mouvement de locomotion ou de rotation qui lui est particulier, ne peut
aussi sortir de l'ellipse immense que la nature lui a tra-
cée; la vitesse de sa marche est toutefois prodigieuse,
il roule dans l'espace avec une rapidité dont l'idée seule
effraye l'imagination, et c'est cette rapidité qui a été la
cause de sa forme. Si l'on suppose qu'un être aussi mon-
strueux eût marché avec des extrémités qui eussent dû
supporter son poids considérable, quelle force et quelle
étendue n'aurait-il point fallu leur donner, quel moteur
puissant aurait dû faire agir ses leviers, enfin sur quels
points solides se seraient-ils appuyés?

Il ne pouvait y avoir qu'une forme ronde qui pût permettre un mouvement de locomotion aussi rapide, en
même temps aussi doux, et qui ne donnât aucune se-
cousse à l'être dont il s'agit. Il aurait d'ailleurs fallu
multiplier la force déjà si considérable et si dense de
ses organes.

On ne refusera donc point de convenir que le sphéroïde terrestre a aussi une locomotion rapide et d'une
immense étendue ; cette locomotion n'est, à la vérité,
point soumise à l'action de sa volonté, parce que n'ayant
point de cerveau il ne peut avoir de volonté ; mais elle
n'en est pas moins un changement de place qui n'a
vraisemblablement lieu que pour donner au système de
sa circulation toute l'activité nécessaire à son existence ;
mais enfin il exerce cette fonction. C'est un mouvement
extérieur particulier de rotation, effet de sa prodigieuse
grosseur, qui ne devait point permettre que les corps
célestes pussent se mouvoir en tous sens dans l'immensité, ce qui n'aurait pu avoir lieu sans troubler l'ordre
que la nature a établi dans leur marche si admirable-
ment régulière (1).

---

(1) Enfin la locomotion du sphéroïde terrestre n'est point bornée
au seul mouvement de rotation sur lui-même, puisque l'étude de
l'astronomie a fait connaître que la terre éprouve sept mouvements
différents qui produisent chacun des effets particuliers et des phénomènes dignes de notre attention :

1° Le mouvement de rotation autour de son axe, lequel à l'équateur est évalué à 238 toises par seconde ;

2° Le mouvement dans son orbite autour du soleil qui se fait en
une année. La vitesse de la terre dans son orbite, est de 412 lieues par
minute ;

3° Le mouvement autour du foyer ou centre de la masse de la
terre ;

4° Le mouvement des points de l'aphélie et du périhélie autour de
l'écliptique, en 21,000,000 d'ans ;

5° Une diminution progressive de l'angle que fait l'axe de la terre
avec la ligne perpendiculaire au plan de l'orbite, dont la valeur est
de 52 minutes par siècle.

6° La précession des équinoxes ;

7° La rotation ou la libration de l'axe de la terre qui se fait de
quelques secondes en neuf ans, tantôt en avant, tantôt en arrière.

Ces mouvements, au surplus, se rapportant à l'étude de l'astro-

Il résulte, au surplus, de tout ce qui vient d'être exposé dans ce chapitre, que l'on peut distinguer les mouvements du globe en deux catégories, savoir : les mouvements physiques et les mouvements physiologiques.

Les premiers se rapporteraient à sa locomotion, et les mouvements physiologiques à des organes que le globe terrestre possède et qui exécutent des fonctions.

Les mouvements physiologiques ne s'exercent point au hasard, ils sont coordonnés, ils ont des rapports les uns avec les autres et avec la grandeur de la terre; ils ne sont point le résultat de perturbations, ainsi que peuvent nous le faire penser leurs effets terribles, par les catastrophes ou les cataclysmes épouvantables qu'ils produisent. Pour qui sait les examiner avec l'attention du physiologiste, un ordre particulier règle leurs actions, et elles sont en rapport avec la nature organique du globe; leur objet est l'accomplissement d'une fonction vitale de ce grand être organisé.

Dans les mouvements physiques se classent naturellement les actions que les agents de la nature exercent sur le globe; de là les orages, les tempêtes, les inondations, les déluges.

Dans les mouvements physiologiques, on doit comprendre les cours d'eau souterrains, les geysers, les

___

nomie, je ne les cite que pour appuyer l'opinion que j'émets, que le sphéroïde terrestre exerce la fonction de la locomotion. Analogie nouvelle avec les êtres organisés vivants.

sources thermales, les tremblements de terre, les volcans, tous les phénomènes éruptifs, enfin les absorptions faites dans les couches perméables du sol. Ces mouvements intérieurs ne dénotent-ils pas des fonctions vitales que le globe terrestre exerce comme un corps organisé ?

A l'aspect de ces mouvements, peut-on le considérer comme une matière inerte ? Mais la circulation, l'absorption, la respiration, le fluide électrique ou magnétique, l'air, la chaleur, le mouvement, n'est-ce pas la vie dans les corps organisés ? Eh bien ! elle existe donc dans le globe terrestre... sinon d'une manière tout à fait semblable, au moins d'une manière analogue à celle des êtres organisés vivants. Ce n'est point une vie animale, ce n'est point une vie végétale ; c'est la vie d'un monde formé pour la donner à tout ce qui existe d'espèces différentes organisées constituant la nature vivante.

Ainsi dans le globe terrestre tout aurait une vie depuis le végétal microscopique jusqu'au mastodonte ; le globe enfin lui-même ne serait plus une matière inerte ! Harmonie divine que l'homme peut à peine expliquer, mais dont le génie et la pensée lui permettent de concevoir ou de deviner l'enchaînement et l'indispensable nécessité pour la perpétuité des existences.

CHARPENTE SOLIDE

ou

COQUILLE DU SPHÉROÏDE TERRESTRE.

Les os, bien qu'ils servent aux mouvements des animaux, sont spécialement destinés à contenir, à préserver et à garantir les organes essentiels à la vie; c'est ainsi que le cerveau est contenu dans la boîte osseuse de la tête, que le cœur et les poumons sont préservés par le thorax, que les reins, la vessie, etc., sont garantis par le bassin.

La masse centrale du sphéroïde terrestre, qui est vraisemblablement le principe essentiel d'où la vie se répand dans le globe, a dû être également préservée ou garantie par une charpente solide immense, laquelle est composée de ces substances si denses et si compactes que les géologues nomment le sol primordial; car, après ce sol, toutes les autres formations ne sont, selon moi, que des créations additionnelles, puisqu'elles sont toutes composées des éléments des roches primitives.

Avant que ce sol fût consolidé, le sphéroïde terrestre n'était qu'un amalgame confus de substances, il n'existait point encore, ou plutôt il n'avait qu'une existence semblable à celle de l'embryon. Ce n'est que lorsque sa croûte s'est formée qu'il a commencé à être lui-même. Que l'on enlève du cerveau de l'animal la boîte osseuse et les membranes qui le contiennent, il se répandra et se désorganisera bientôt complétement ; de même, si le sphéroïde terrestre perdait l'enveloppe du sol primordial qui contient la masse centrale, bientôt les fluides qui entrent dans sa composition se répandraient dans l'immensité de l'espace et le globe cesserait d'exister. Il était donc indispensable qu'il eût une charpente solide qui préservât son existence. Il faut encore reconnaître ici un des principes de la loi générale des corps vivants, appliqué au grand être, le sphéroïde terrestre.

La charpente solide du globe est immense, elle l'enveloppe dans tout son contour comme une vaste coquille ; et comme il lui fallait une solidité beaucoup plus considérable, les roches dures et compactes qui composent en général le sol primordial, tels que les granites, les feldspaths, les quartz, etc., etc., se sont agglomérées pour affermir cette coquille dans toutes ses parties. Les épanchements volcaniques qui eurent lieu alors pourraient être considérés comme des moyens employés par la nature pour consolider par une sorte de soudure les parties qui peut-être alors pouvaient présenter moins de résistance ; car, chose notable, tous ces épanchements de roches porphyroïdes et autres n'ont plus lieu depuis les temps historiques : c'est que le globe étant entièrement organisé, ces épanchements ne sont plus nécessaires à la consolidation de son écorce. Il était indispensable que l'enveloppe fût formée de matières extrêmement solides, parce que le sphéroïde roulant avec une rapidité excessive sur lui-même , sa masse énorme aurait pu se fendre si elle n'eût été consolidée par une enveloppe extérieure capable de résister d'une part aux efforts de la masse intérieure sur tous les points, et de l'autre à l'effet du soleil et des météores atmosphériques extérieurement.

Les substances qui composent les sols intermédiaire, secondaire et tertiaire, quoique grossissant la croûte de la terre, y jouent un autre rôle , ainsi qu'on a pu le voir dans les autres chapitres de cet ouvrage. Toujours est-il que la masse centrale du sphéroïde terrestre est enveloppée d'une croûte immense qui doit sans contredit être considérée comme l'analogue de la coquille préservant l'animal qui l'habite, et qu'il a formée de sa substance. Je ne puis avoir la vanité de penser que les couches immenses de roches que l'on trouve ont été formées par la nature dans le but de servir à construire nos édifices, et que les marbres y ont été déposés pour que l'homme puisse s'élever des statues. Il faut donc que ce soit dans un but d'utilité générale, et je ne crois point avancer une hypothèse en annonçant que cette croûte immense qui recouvre le globe doit par analogie être considérée comme la charpente osseuse ou la coquille qui préserve la masse centrale et qui la contient, afin que le principe vital du globe qui anime tous les êtres qui l'habitent ne s'échappe point trop rapidement et ne se perde point dans l'espace.

Le sphéroïde terrestre , semblable aux autres corps organisés vivants et pourvus d'une coquille , travaille chaque jour à la consolidation et à l'épaississement de son écorce solide. Le moyen employé par la nature pour y parvenir est très-remarquable; elle commence par produire des myriades de petits corps organisés de la grosseur d'une graine de millet, et auxquels, attendu leur ressemblance, on a donné le nom de miliolites, d'ovulites; ces petits corps, pourvus d'une coquille crétacée, sont produits en quantité tellement multipliée que, lorsqu'ils ont vécu, leur dépôt forme des masses immenses de calcaire, connues sous le nom de calcaire oolitique. Ce sont ces masses qui ont servi pour la plupart à construire nos habitations, elles existent même dans un si grand nombre de contrées, que les géologues ont donné à cette formation le nom de terrain oolitique.

Ces masses calcaires ont-elles été formées par la nature afin que nous puissons en élever les constructions destinées à nous abriter? On ne peut raisonnablement le penser, avec d'autant plus de raison qu'elles n'étaient point indispensablement nécessaires à nos besoins, et que nous pouvions les remplacer avec toute autre nature de roche déjà existante avant leur formation. C'est donc afin d'épaissir la croûte solide du globe que la nature forme ces masses immenses, et l'on en sera bien convaincu, si l'on ajoute au dépôt de ces miliolites ceux des madrépores, des innombrables vers à étui calcaire, et des conchifères de toute nature.

Cet épaississement journalier de la croûte du sphéroïde a pour objet de la consolider en offrant sur un grand nombre de points du globe une résistance aux éruptions volcaniques, qui, si elles étaient aussi répétées qu'elles l'ont été avant les temps historiques, finiraient par détruire la vie à la surface du sphéroïde terrestre.

CHAIR OU MUSCLES.

« Le système musculaire est placé à l'extérieur des animaux comme une enveloppe de la vie intérieure, une écorce capable de mouvement, et pour connaître et écarter tout ce qui pourrait nuire à l'individu. »

Le savant anatomiste Bonnet, qui a beaucoup insisté sur les nuances et les rapports par lesquels les êtres naturels sont liés en une sorte de grande chaîne, a présenté les minéraux lamelleux et fibreux comme ressemblant à quelques égards aux corps organisés, et comme formant le chaînon qui unit le règne minéral au règne végétal. Les roches talqueuses, les roches fibreuses, les roches lamelleuses, en effet, semblent n'exister dans la croûte consolidée que pour lui donner une certaine élasticité, propriété reconnue par les géologues.

En réfléchissant à cette faculté, n'est-on point porté à penser que les roches fibreuses pourraient être considérées comme les fibres musculaires du grand être ? S'il était possible d'ouvrir la terre dans une étendue assez considérable pour suivre ces couches fibreuses et les mettre à découvert dans toute leur puissance, on reconnaîtrait peut-être leur attache à des parties solides ou à des roches compactes ; alors cette variété remarquable de contexture dans les roches pourrait être expliquée.

Le sphéroïde terrestre est enveloppé à sa surface de couches légères de terre, de sable, d'argile toujours humides par le liquide qui les pénètre. Ces couches sont superposées les unes aux autres, souvent comme le sont les feuillets d'un livre, et pourraient, par analogie avec ce qui se passe chez les animaux, être considérées comme une sorte de chair. C'est ce que des observations et des expériences ultérieures feraient connaître d'une manière plus positive ; mais dans l'état si peu avancé des connaissances relatives à la physiologie du globe, il ne m'est point possible de faire autre chose que d'émettre un doute à cet égard.

Toutefois, je pense que le sphéroïde terrestre étant destiné à se mouvoir dans un fluide où il ne devait point rencontrer de corps étrangers capables de nuire à ses organes, n'a point été pourvu du système musculaire nécessaire pour les reconnaître et les écarter ; qu'il ne possède que des puissances analogues à des leviers musculaires peu énergiques, mais suffisantes pour donner à la croûte ou à la coquille qui l'enveloppe l'*élasticité* nécessaire pour obéir aux efforts de la masse centrale afin de conserver le principe vital qu'elle possède, et qui se fût échappé si son écorce eût pu se briser.

PELAGE OU ROBE.

On regarde généralement les poils des animaux comme
une espèce de végétation sur leur peau, et dont l'accroissement se fait au moyen de leur chaleur naturelle.
D'un autre côté, la fourrure des animaux a pour objet
de conserver leur chaleur intérieure en les isolant de la
température plus froide qui les environne.

Si la perte de la haute végétation a contribué à diminuer la température de la terre (ainsi que l'a annoncé
M. Cordier dans un de ses cours de géologie), on peut
en conclure que la prodigieuse quantité de végétaux
dont la terre est parée est destinée à remplir, à l'égard
du sphéroïde terrestre, le même objet que la fourrure
chez les animaux.

Je pense au surplus qu'il y aurait lieu de distinguer,
à cet égard, les grands végétaux des petits, et qu'il faudrait faire abstraction de tout ce qui est arbre, qui,
comme je l'ai exprimé à l'article de la respiration, a
une autre mission à remplir.

Je considérerais donc comme pelage du sphéroïde
terrestre, toutes les plantes et végétaux herbacés qui

ne peuvent point être rangées au nombre des arbres et arbustes; et certes il faut convenir qu'il serait difficile de trouver une robe plus diaprée, plus nuancée et plus suave. Les poëtes l'ont assez élégamment décrite pour que je n'aie rien à ajouter à ce chapitre.

DE L'ACCROISSEMENT.

L'accroissement représente l'idée d'une augmentation de masse dans une matière quelconque ; il est de principe en physiologie que les corps inorganisés croissent de l'extérieur à l'intérieur par juxtaposition de parties similaires qui viennent successivement s'adapter suivant les lois de l'affinité aux formes cristallines primitives, tandis que les corps organisés croissent au contraire de l'intérieur à l'extérieur par l'effet de la nutrition, c'est-à-dire par intersusception (1).

---

(1) On lit dans le Dictionnaire des Sciences médicales, t. XII, p. 105 : « On a dit que les corps organisés croissaient par intersusception, « parce que le corps vivant s'accroît après sa naissance par l'exten- « sion graduelle de son tissu primitif. Toutefois un corps quelconque « ne peut augmenter de volume que par des additions faites à sa « surface soit externe, soit interne, et, sous ce rapport, il n'y a « point de différence entre les corps vivants et les corps bruts ; tous « croissent par juxtaposition ; mais les uns ne forment que des mo- « lécules qui paraissent toutes indépendantes, et les autres sont « composés d'un plus ou moins grand nombre de molécules souvent « hétérogènes, dont l'accroissement simultané ou non se fait égale- « ment par des additions à la surface, mais à nos yeux semble avoir « lieu par pénétration, ou par imbibition en raison de la disposition « respective des molécules. »
D'après cet exposé, il n'y a point de différence entre le mode

On pourrait penser que le sphéroïde terrestre s'accroît des deux manières; premièrement par juxtaposition, attendu que sa croûte s'épaissirait des détritus de tous les corps organisés qui meurent à sa surface, et qui y laissent la poussière de leurs solides. Mais en y réfléchissant, on verra que plusieurs de ces substances se décomposent à la longue, et que transportées ensuite par les eaux, et englouties dans les gouffres, elles sont probablement destinées à servir à la nutrition du sphéroïde.

En conséquence, les substances et tous les corps fixes qui se juxtaposent sans cesse à la surface du sphéroïde terrestre, par la cessation de la vie des corps organisés qui ont existé à sa superficie, ne tendent point dès lors à son accroissement.

Secondement, le sphéroïde terrestre croît à la manière des corps organisés vivants, c'est-à-dire, de l'intérieur à l'extérieur, attendu que les matières en fusion qui composent la masse centrale en touchant à la croûte solidifiée du globe, doivent se mettre en équilibre de température avec elle, par conséquent se refroidir à leur surface et finir par adhérer à cette croûte, par s'y solidifier et par en augmenter l'épaisseur en s'y collant (1).

---

d'accroissement du sphéroïde et celui des autres corps organisés vivants.

(1) Sur les tableaux de classification des terrains que M. Constant Prévost présente dans ses cours, ce professeur fait connaître qu'il se forme sous le sol primitif un autre sol auquel il donne le nom de *sol sous-primitif.*

Tel est le mode d'accroissement du sphéroïde terrestre qui se fait de bas en haut, c'est ainsi que son écorce doit s'épaissir intérieurement. Il résulte nécessairement de cette opération, que la masse centrale tend à diminuer non-seulement par ce mode d'accroissement de l'écorce, mais encore par les produits que les volcans épanchent journellement à la superficie du sol. A mesure que la croûte minérale s'épaissira, la masse centrale aura moins d'espace pour s'étendre, et après une longue succession de siècles, l'écorce du globe s'épaississant de plus en plus, en proportion de la diminution de la masse centrale, le foyer de calorique ne sera plus assez considérable pour faire sentir son action jusqu'à l'extérieur de la croûte minérale, extrêmement épaissie et solidifiée ; alors tout le calorique de la surface se dissipera et le froid qui en résultera causera la mort universelle de tous les corps organisés qui habitent sur cette écorce.

Nous vivons si peu d'années, comparativement à la durée de la vie du globe, qu'aucun changement sensible dans sa constitution ne s'opérant sous nos yeux, de manière à ce que nous puissions pour ainsi dire nous en apercevoir, nous pensons que l'état actuel des choses a toujours été le même, et qu'il durera éternellement ; mais en réfléchissant aux actions qui se passent sous nos yeux, on doit être convaincu que par la succession des siècles, les phénomènes qui nous paraissent avoir un résultat si faible, acquerreront une importance dont il faut bien tenir compte (1).

____

(1) Les observations font connaître que dans plusieurs contrées la

L'époque de l'origine du globe terrestre sera toujours inconnue aux hommes, parce qu'ils n'ont aucun moyen d'y remonter d'une manière précise ; mais l'étude de la géologie nous mettant sur la trace d'une foule de faits qui ont dû se passer, et nous faisant connaître les modifications que le globe a subies, il n'est pas invraisemblable de pressentir son sort dans un avenir éloigné et de présumer comment il parviendra au terme de son existence.

---

mer s'éloigne des rivages ; c'est ce qu'on peut voir à Aiguesmortes où Saint-Louis s'était embarqué, c'est ce qu'on voit à Carthage dont les ruines sont aujourd'hui éloignées de la mer. C'est ce qu'on observe en Suède, etc., etc.; que ces changements soient dus à ce que la mer se retire ou à ce que le sol se soulève, toujours est-il que les choses ne restent pas dans le même état ! Ces actions qui nous paraissent si lentes se rapportent à la longévité du globe, comparée au peu de temps que nous passons sur la terre ; mais par la succession des siècles ces modifications prolongées peuvent amener des résultats essentiels.

DE LA VIE.

On entend par la vie le mode d'existence et d'action particulier, non-seulement aux animaux, mais encore aux végétaux. Comme les limites du règne animal, du règne végétal, et même celles du règne minéral, sont à peine sensibles et mal connues, les physiologistes avouent qu'on ne peut guère donner une définition générale de la vie se rapportant à chacune des espèces qui sont rangées dans ces grandes classes appelées règnes par les naturalistes; en effet qu'est-ce que la vie végétale? qu'est-ce que la vie animale? qu'est-ce même que la vie minérale? car si la vie organique est l'organisation, puisque les minéraux sont organisés, il n'y a point de doute qu'il n'y ait aussi une vie minérale; aussi les plus célèbres anatomistes, physiologistes et naturalistes, Adelon, Barthez, Bichat, Bordeu, Cuvier, Lamarck, etc., etc., ont-ils donné chacun une définition différente de la vie.

On l'a divisée au surplus en *végétative* ou générale et commune à tous les êtres animaux ou végétaux; on l'a subdivisée ensuite en générative ou fondamentale, en nutritive ou conservatrice, en vie de l'espèce ou propagatrice, et dans les animaux on y a ajouté la vie sensitive et la vie intellectuelle. Toutes ces divisions, en multipliant les difficultés, tendent à embrouiller la science par les objections qu'elles font naître. Ces différentes vies ne sont que des fonctions exercées par l'être qui jouit de l'existence. Il n'y a dans la nature qu'un seul principe de vie ; c'est une impulsion intérieure, une seule force vitale qui n'est point partagée et diversifiée en existences individuelles ; c'est un principe général qui s'insinue dans toutes les substances organisées et qui y dépose cette propriété vitale qui échappe à nos facultés. La vie est donc une chose indéfinissable. Qui peut dire comment elle est transmise à l'individu ; comment il en jouit, et comment elle lui échappe ? Elle ne se manifeste que par des effets ; on n'en connaît aucune des causes. La mort est la cessation de toutes les fonctions vitales ; la vie en est l'exercice indépendant de la volonté de l'être à qui la vie est imposée, et qui n'a même point le pouvoir de la refuser lorsqu'il la reçoit. La vie n'existe point sans un ensemble d'organisation ; elle paraît résulter en conséquence de l'ensemble des fonctions organiques, et c'est par cette raison que la vie peut être passive et cachée dans un être organisé ; c'est ainsi qu'elle existe dans une graine, dans un œuf, dans un animal engourdi pendant l'hiver ; il y a alors interruption, suspension des fonctions vitales, mais l'organisation n'est point altérée. Excepté cet état d'interruption, la vie exige un mouvement continuel d'assimilation et d'excrétion ; le premier répare les organes, le second rejette au-dehors les molécules non-assimilables. Enfin, il est impossible de la concevoir sans un appareil composé de solides et de fluides.

Tel est le résultat des différentes opinions ou définitions des physiologistes sur la vie. Examinons si le sphéroïde terrestre est dans ces conditions.

Le sphéroïde terrestre est pourvu de solides ; les roches qui forment son écorce ne laissent aucun doute à cet égard, et les fluides, dont on reconnaît la présence soit à sa surface, soit dans son intérieur, nous démontrent assez combien ils sont utiles à son existence; enfin tout ce qui vit a sa surface en végétaux ou en animaux, n'est indubitablement qu'un composé de ses émanations tant solides que fluides : *l'homme lui-même n'est qu'un minéral animé*, ainsi que je l'ai déjà énoncé dans un précédent chapitre ; car ses parties solides sont toutes minérales, et dans ses parties aqueuses, sanguines, séreuses, adipeuses, on retrouve toutes les substances acides, salines, alcalines, terrestres, etc., qui entrent dans la composition du globe.

Puisque la vie résulte d'un ensemble de fonctions organiques, et que l'on a vu dans les chapitres précédents, où ces fonctions sont décrites, que le sphéroïde terrestre doit exercer ces diverses fonctions et qu'il est impossible qu'il ne les remplisse point (car alors sa masse solide elle-même se détruirait), il jouit donc incontestablement de la vie, et en suivant les divisions adoptées par les physiologistes, on est forcé de convenir qu'il possède la vie primitive ou de végétation ou végétative, la seule qui préside à l'organisation et à l'assimilation ; les physiologistes la partagent en vie nutritive et en vie générative.

Si la vie nutritive soutient constamment la vie primitive, dont elle n'est pour ainsi dire qu'une émanation, si le choix qu'il sait faire des substances capables de l'alimenter est l'une des plus étonnantes facultés de l'être vivant, s'il a été reconnu que les racines de la plante ne pompent point certaines liqueurs dans lesquelles on les trempe, tandis qu'elles sucent avidement des sucs plus appropriés à leur nature, on ne peut refuser cette faculté au sphéroïde terrestre. Car, ainsi que nous l'avons vu dans les chapitres de la nutrition et de la digestion, il fait choix des substances capables de l'alimenter ou de s'organiser avec sa masse, et rejette, au moyen des volcans, les autres non assimilables. Refusez-lui cette fonction ou cette faculté, alors pourquoi des volcans? Dans quel but? Rappelons-nous sans cesse que la nature dans toutes ses opérations a toujours un but utile. De quelle utilité seraient les volcans, si on ne l'expliquait par cette fonction, qui me paraît suffisamment démontrer que le sphéroïde terrestre jouit complétement de cette division de la vie primitive que les physiologistes ont nommée vie nutritive ou conservatrice?

Quant à la vie générative ou propagatrice de l'espèce, nous avons franchement fait connaître, à l'article Génération, toute l'insuffisance de nos moyens pour la démontrer. Quoi qu'il en soit, nous pensons que le sphéroïde terrestre a reçu une autre mission de la nature, c'est-à-dire, qu'au lieu de jouir d'une faculté propagatrice, il n'est que le conservateur du principe vital qui sert à la reproduction de tous les autres êtres organisés qui vivent à sa surface. A la mort de chacun de ces êtres, ce fluide ou principe vital s'échapperait peut-être par leur décomposition dans l'immensité, mais il est possible que par une force particulière d'affinité ou d'attraction le sphéroïde terrestre le ramène à lui comme dans un réservoir commun, d'où il ressort ensuite pour pénétrer et animer les êtres qui naissent à la surface du globe et pour entretenir, chez ceux qui y existent déjà, l'action de la vie, qui, semblable au feu sacré, s'éteindrait peut-être bientôt faute d'aliment ; mais jamais la vie ne s'éteint dans le globe : elle est inhérente à la matière, qui, par cette raison, tend sans cesse à l'organisation. En effet, qu'une substance que l'on nomme ordinairement inerte se détruise, de sa destruction même il résulte des parcelles qui, par leur affinité avec d'autres, forment des corps nouveaux. Dans la destruction des corps organisés il se passe aussi des phénomènes de recomposition ; ainsi, dans la nature, rien ne se détruit complétement, rien ne se perd, *semper aliquid* est la devise de son immense fécondité.

Les physiologistes disent que la loi de vie qui rassemble tous les corps organisés consiste dans la *nutrition intérieure*, la *génération* et la *destruction* ; il semblerait en conséquence que la vie est attachée à l'intégrité de ces trois principes réunis. Le sphéroïde terrestre ne remplissant pas, selon moi, la fonction de la génération, on pourrait m'objecter qu'alors il ne jouit point de la vie ; mais cette objection ne serait fondée que sur ce que le principe par lui-même n'est point exact, car les métis ou mulets sont bien soumis dans la nature à cette loi de nutrition intérieure et à celle de la destruction, mais la fonction de la génération leur est refusée, et pourtant ils sont doués de la vie. Il faut admettre qu'il existe dans les êtres organisés plusieurs ordres de facultés, dont les unes sont essentielles et générales à la vérité, mais il ne faut pas être exclusif, et il faut admettre que d'autres facultés sont particulières à chaque espèce et même peut-être à chaque individu.

Quant aux divisions de la vie *sensitive* et *intellectuelle*, nous avons fait connaître au chapitre des sensations que la vie sensitive n'est point essentiellement nécessaire aux êtres organisés, puisque les plantes vivent sans en être douées, et que la sensation n'est point l'essence de la vie universelle.

À l'égard de la *vie intellectuelle*, elle n'est également point indispensable aux êtres organisés, puisqu'il n'y a que quelques espèces qui en soient pourvues ; tout le reste des productions vivantes n'en existe pas moins. Nous avons d'ailleurs déjà fait connaître dans les chapitres précédents le danger qu'il y aurait eu, pour la conservation des races qui l'habitent, que le sphéroïde terrestre eût été doué de sensations et d'intelligence : malgré ces qualités négatives, il n'en reste pas moins constant que le sphéroïde terrestre jouit pleinement et incontestablement de la vie générale ou primitive.

Enfin, une des propriétés très-remarquable et toute particulière de la vie, est, suivant les physiologistes, de maintenir dans les êtres organisés un degré constant de température, afin qu'ils puissent résister au froid ainsi qu'à la chaleur ; il en résulte qu'une plante qui, sur le sol brûlant de l'Afrique, serait bientôt desséchée, conserve sa fraîcheur et son humidité ; qu'un arbre résiste au froid glaçant du Nord tant qu'il n'est point poussé à l'extrémité ; que l'homme, le quadrupède vivent dans des lieux très-chauds et très-froids, sans périr, sans être gelés ou desséchés, ce qui arriverait promptement s'ils étaient privés de la vie ; qu'enfin il résulte de ces observations que c'est la *vie qui modifie l'action des puissances extérieures*, pour la plus grande utilité de l'être organisé qu'elle anime.

Cette propriété de la vie se rapporte encore parfaitement à ce qui se passe dans la nature à l'égard du sphéroïde terrestre. En effet, on sait qu'à mesure qu'on s'élève dans l'atmosphère on éprouve une température si froide, qu'à trois mille toises il est impossible à aucun être organisé de vivre. L'action de cette température qui déjà se fait sentir vers les pôles n'envelopperait-elle pas bientôt le sphéroïde terrestre de tout côté, s'il n'était pourvu de cette faculté *qui modifie l'action des puissances extérieures?* et quelle est cette faculté si ce n'est la vie, qui maintient dans tout son être le degré de température nécessaire pour résister à cette action toujours agissant sur lui ?

C'est cette vie qui forme autour de sa surface, *par une transpiration générale*, l'atmosphère bienfaisante dans laquelle nous vivons et qui l'enveloppe de toute part comme un manteau conservateur pour le préserver de l'action du froid des régions supérieures. Ce fait me paraît encore une preuve des plus convaincantes que le sphéroïde terrestre possède la vie.

Il faut seulement conclure de tout ce qui précède que les phénomènes de la vie sont moins variés chez lui que dans les animaux qui habitent sa superficie, qu'il les possède moins énergiquement, parce que son organisation est moins compliquée. Comment ne point être persuadé, en effet, que le sphéroïde terrestre a été doué d'une vie intérieure ? pourrait-on expliquer sans cela la cause des affinités chimiques , le jeu des attractions qui agite tout ce que l'on appelle la matière , enfin toutes les opérations de décompositions et de recompositions qui s'y passent sans cesse? comment expliquer toutes ces actions autrement que par la puissance de la vie qui communique à toutes les parties du globe terrestre , qu'on a si injustement appelé matière brute, l'activité, disons le mot véritable *la vie*, dont elles jouissent ?

MALADIES

DU

SPHÉROÏDE TERRESTRE.

Dans les corps les mieux organisés il se trouve toujours une partie faible que l'exercice des fonctions vitales fatigue de plus en plus ; les humeurs s'y dépravent alors insensiblement, forment un point de destruction de l'individu, et causent un état de maladie plus ou moins compliqué, plus ou moins dangereux, en raison de l'organe où cette maladie se développe. Les physiologistes ont remarqué qu'alors la *composition chimique des organes dans l'état de maladie diffère de ce qu'elle était dans l'état de santé* ; que certains principes y sont alors en plus grande abondance, que certains autres y sont moins abondants, qu'il s'en trouve même qui n'y existent point dans l'état normal. Ces variations qui ont lieu à l'égard de la physiologie pathologique dépendent d'autres changements inconnus de l'action organique.

En examinant ce qui se passe dans la croûte minérale du sphéroïde terrestre, on trouve cette différence dans la composition chimique des corps attaqués ; l'altération journalière est bien constatée, et tellement reconnue, que l'on a donné à certaines de ces altérations le nom de *pourriture*. Elle est en effet une véritable corruption minérale, qui joint souvent à son aspect une odeur nauséabonde virulente et des propriétés délétères qui dénotent leur origine corrompue. Cette altération des roches a pour cause soit l'influence des météores atmosphériques à l'extérieur, soit à l'intérieur la présence et l'action de divers fluides, résultat peut-être d'une circulation embarrassée ou interrompue.

Il est reconnu que dans les animaux et les végétaux les fluides nutritifs qui circulent dans les parties malades s'assimilent eux-mêmes aux matières viciées et en augmentent la masse; il en arrive de même à l'égard de l'écorce solide du globe : lorsque les fluides gazeux ou autres qui sont continuellement en circulation entre les couches de la terre rencontrent une parcelle de roche disposée à s'altérer, ils s'assimilent avec elle, et, agissant sur les molécules voisines, décomposent la roche peu à peu et finissent par convertir ses molécules les plus altérées en telle ou telle autre substance. C'est ainsi, par exemple, que les roches feldspathiques, en se décomposant, donnent lieu à une autre substance qu'on nomme kaolin (1).

---

(1) Il est encore à remarquer que les *roches métamorphiques* étant des roches originairement *sédimentaires*, qui ont éprouvé un changement dans leur contexture par l'action calorifique des roches éruptives, on peut les ranger dans la catégorie des roches altérées.

Elles doivent donc encore être considérées comme une des maladies du globe.

Les roches éruptives elles-mêmes sont une anomalie dont les effets

L'altération journalière des roches doit donc être considérée comme une maladie de l'écorce solide du sphéroïde terrestre, et la différence de composition ou de texture qui existe dans les roches d'une même espèce pourrait être considérée peut-être comme différentes maladies, qui donneraient lieu à une nosographie des roches du globe (1).

On objectera vraisemblablement à ce que j'expose dans ce chapitre que l'altération journalière des roches ne nuit point aux fonctions vitales du sphéroïde terrestre, qu'elles n'en sont nullement dérangées, ce qui n'a point lieu à l'égard des corps organisés dont les fonctions sont troublées à la moindre anomalie. Cela peut être vrai sous un rapport, quoique nous n'ayons point observé le trouble que la pourriture ou la désorganisation d'une roche peut apporter à cette partie de l'écorce; toutefois est-il que par la modification qu'elle éprouve, elle ne remplit plus la fonction à laquelle elle avait été destinée par la nature. Ainsi, comme il y a changement, nécessairement il y a trouble. Je conviendrai qu'il est peut-être peu considérable, en raison du peu d'étendue de l'altération comparativement à la grandeur et à la masse du sphéroïde; mais par la suite il arrivera que ces altérations si fréquentes, que les géo-

------

reconnus aujourd'hui ont dû apporter du trouble dans les fonctions organiques du globe terrestre.

(1) Je ne cite ici qu'un seul exemple d'altération, car si je voulais nommer toutes les roches qui ont subi des décompositions, il faudrait donner le catalogue d'une multitude de roches décomposées, qui se trouvent au surplus décrites avec les plus grands détails dans les cours de géologie.

logues ont observées, occuperont de plus grandes surfaces, qu'elles deviendront plus profondes, que des masses entières de roches s'altèreront, et je ne doute point alors qu'il n'en arrivera de graves accidents par la destruction de la solidité de ces masses, de la résistance qu'elles opposaient, et par la suppression de leur pesanteur.

Cette catastrophe arrivera nécessairement à la longue, puisque les roches les plus dures et les plus compactes se désagrégent et se détruisent chaque jour, à moins que le sphéroïde ne les reforme intérieurement aux dépens de sa masse centrale, comme un mollusque reconsolide sa coquille, lorsque quelque accident tend à la détruire.

Quoi qu'il en soit, on ne peut nier que l'altération et la désagrégation des roches ne soit une maladie portant avec elle le caractère que l'on observe dans les maladies des êtres organisés, c'est-à-dire la *différence dans la composition chimique des organes altérés.*

Je regarde enfin l'altération des roches comme une des preuves les plus convaincantes de l'organisation du sphéroïde terrestre; puisqu'il se désorganise, il est donc organisé. Si la matière était morte inerte, comme on le prétend, elle resterait toujours la même; mais elle éprouve des modifications, des changements d'une substance en une autre, parce qu'il s'y passe un mouvement vital, qui y opère une circulation, une décomposition et une recomposition. Donc le globe terrestre est organisé et il éprouve des maladies, car s'il ne suffisait point de ce que j'ai avancé dans ce chapitre, pour le prouver, je pourrais ajouter que *les tremblements de terre*, l'intrusion des roches éruptives qui ont produit les roches métamorphiques et les soulèvements qui ont eu lieu des chaînes de montagnes fourniraient encore une matière d'observation tendant à prouver que le sphéroïde est sujet à des anomalies de plusieurs natures, qu'il renferme dans son intérieur des principes de déchirements, de dislocations et de bouleversements que l'on doit considérer comme les maladies internes de l'écorce et de la masse centrale du globe.

MORT

DU SPHÉROÏDE TERRESTRE.

Le corps vivant tend sans cesse à sa destruction ; la vie est un état précaire qui a ses périodes de durée, son aurore d'abord faible, son midi vigoureux et son déclin débile et mourant. La vie une fois donnée s'use dans l'être organisé, parce que ses parties agissent sans cesse les unes sur les autres ; elle se perd, parce que ces parties se solidifient à la longue, que les fluides ne circulant plus avec la même activité, elles s'obstruent, perdent leur élasticité, les fonctions vitales ne s'exercent plus et la vie cesse.

Le sphéroïde terrestre est soumis aux mêmes lois, il a eu son aurore, il a eu son midi ; en observant aujourd'hui ses grands débris, ne sommes-nous point forcés de convenir que tout y décline peu à peu ?

Les ossements fossiles des animaux dont l'espèce subsiste encore aujourd'hui, ne nous montrent-ils point des proportions colossales ? les dents de requin, les défenses d'éléphant, les bois d'élan et les débris des différents poissons, des sauriens semblent indiquer une grandeur et une force plus considérable dans les individus auxquels ces débris ont appartenu, que dans nos espèces vivantes actuellement.

Le sphéroïde terrestre doit mourir, ou finir d'exercer toutes ses fonctions vitales par plusieurs causes mortelles très-puissantes :

La première, par sa solidification ;

La seconde, par son refroidissement ;

La troisième, par le défaut de nutrition.

Il résultera, en effet, des deux premières causes, que les races vivantes s'éteignant sur le globe, il ne trouvera plus dans le produit de leur destruction journalière les substances nécessaires à sa nutrition ; qu'il ne pourra satisfaire le besoin d'assimilation qu'il éprouve, et que cette faculté lui manquant pour réparer ses pertes, la fin de son existence en sera l'effet.

La *solidification* du sphéroïde terrestre s'opère de plusieurs manières : parce que les matières que les eaux charrient à travers les couches meubles de la terre, doivent à la longue combler les fissures, en s'y déposant dans leur passage, et les luter de manière à détruire la perméabilité de ces couches, au point de ne plus permettre l'infiltration des eaux ; 2° par l'épaississement de la croûte, qui se fait intérieurement et de bas en haut au moyen des dépôts de la masse centrale ; 3° par la volcanicité. Ne doit-il pas résulter des éruptions volcaniques que lorsque la terre aura été entièrement couverte de ces productions, sa solidification générale sera effectuée? Déjà les traces de la volcanicité sont si considérables qu'on les trouve sur la terre répandues, à des distances peu considérables (1). Lorsque les couches perméables de la terre auront été recouvertes d'une croûte aussi compacte que celle des laves, le sphéroïde terrestre ne pourra plus rien absorber, rien assimiler, et ne trouvera plus dans les substances minérales qui lui venaient des montagnes désagrégées les éléments nécessaires à l'entretien de sa masse centrale et de ses fluides; alors ce foyer s'éteindra, pour ainsi dire, sous ses cendres, et le résultat de ce refroidissement général sera la fin de ce grand être qui, après avoir existé des millions de siècles, finira à son tour, suivant la loi imposée à tous les êtres vivants qui peuplent l'immensité de l'univers.

Il est une autre cause, celle du refroidissement, à ajouter à l'épaississement et à la solidification de la croûte du sphéroïde; c'est que chaque jour, à chaque instant, il perd plus de calorique qu'il n'en reçoit. La transmission du calorique qui nous est lancé par le soleil se fait par voie de rayonnement; mais si d'un côté l'atmosphère ouvre un passage à l'arrivée du calorique, il en laisse également un autre à sa sortie, qui vient du sein de la terre. Il est à remarquer que cette transmission se fait et par rayonnement, et par le déplacement de chaque molécule, qui aussitôt qu'elle est chauffée s'élève

---

(1) Ne pourrait-on point juger depuis combien de temps le globe existe, en évaluant la quantité des matières volcaniques qu'il rejette journellement, et en les comparant aux matières refroidies à sa surface? ce serait une espèce de chronomètre géologique.

indéfiniment. Elle a encore lieu par la transmission, lente à la vérité, de molécule à molécule ; toutefois le mode de refroidissement qui se fait par le déplacement successif des molécules échauffées est le plus important, par l'influence qu'il exerce sur la production des vents.

Enfin le sphéroïde terrestre perd son calorique central par les éruptions volcaniques qui dégagent une quantité de chaleur centrale très-notable et par les eaux thermales qui amènent sans cesse à sa surface une partie de cette chaleur. L'air s'empare de ce calorique, qui, s'élevant dans l'atmosphère, est perdu pour le sphéroïde.

Les fossiles que l'on trouve dans les terrains houillers sont de grandes graminées, de grandes fongères qui doivent avoir existé sous une température plus élevée que celle où on les trouve actuellement. On peut en conséquence en conclure que la nature n'a pas toujours été dans le sphéroïde ce qu'elle est aujourd'hui ; qu'elle nous montre déjà des pertes, des désordres et des ruines de sa vie passée ; que le globe terrestre a dû commencer par le calorique, principe essentiel de tout ce qui existe, et qu'il doit finir par la solidification de sa croûte et par le refroidissement, fin d'ailleurs semblable à celle de tous les êtres ayant vie, dont les organes s'obstruent, se durcissent et se solidifient par la vieillesse.

Ajoutons que le sphéroïde terrestre n'a reçu qu'une quantité donnée de force vitale, dont il a déjà perdu une partie, puisqu'il ne crée plus de races nouvelles, et que celles qu'il entretient à sa surface s'amoindrissent. Enfin, que lorsqu'il aura épuisé ce principe de vie, il cessera d'exister.

Oui, le sphéroïde terrestre doit mourir parce qu'il vit, et que telle est la loi imposée à tous les corps organisés vivants ; lorsque l'époque de sa destruction totale sera arrivée, il rendra à l'immensité de l'espace, ou bien à l'astre dont il est émané (1), toutes les substances qui le constituent, afin que, soumises à de nouvelles recompositions, elles puissent être employées par la nature selon les propriétés qu'elle leur aura données.

Oui, le sphéroïde terrestre doit mourir, parce que s'il ne cessait point d'exercer ses fonctions vitales, il serait éternel, et comme la nature ne peut être éternelle lorsqu'elle a été réunie pour composer un ensemble d'organisation, il doit finir ! S'il doit mourir, il a donc vécu ; s'il a vécu, c'est donc un corps organisé ayant vie ; c'est donc, si on veut, un animal nullement semblable quant à la forme extérieure à aucun de ceux que nous connaissons, mais exerçant les mêmes fonctions vitales avec les modifications nécessaires pour remplir la mission qui lui a été donnée.

---

(1) Suivant M. Delaplace, la terre est une émanation du soleil.

CONCLUSION.

Par tous les chapitres qui ont précédé, on ne peut se
refuser à croire que le sphéroïde terrestre est réellement
un grand être organisé. Déjà les philosophes de l'antiquité avaient émis l'opinion que le monde était un animal.
On lit dans Cudworth, *Systema Intellectuale*, page 948 :
*Animal est mundus, sensus, rationis, mentis, atque natu-
ram animatam sensu præditam habit.* Hoc est stoïcorum
Dogma. Mais sous ce dernier rapport les philosophes
étaient dans l'erreur ; le sphéroïde terrestre n'a point
été doué d'un sens, d'un esprit, d'une raison, parce
qu'il n'en avait pas besoin ; il ne fallait point qu'il pensât
pour agir, pour comparer, pour fuir ses ennemis ou se
rapprocher des objets nécessaires à ses besoins. La vie
du sphéroïde terrestre est toute mécanique et n'offre rien
d'intellectuel ; aussi ne jouit-il point des facultés de cette
nature (semblable aux plantes qui sont douées de la vie).
Les facultés morales ou intellectuelles, qui sont le résultat
de fonctions organiques chez les animaux, supposent
une volonté qui a dû être refusée au sphéroïde terrestre.
En effet, si à leur force planétaire les corps célestes qui
parcourent l'immensité eussent joint une volonté active,
quel trouble n'auraient-ils point causé dans l'ordre de
la nature ? Il fallait donc que leurs fonctions fussent

passives, et qu'il y eut dans leur organisation absence totale des facultés intellectuelles. Mais pour cela le sphéroïde terrestre n'en existe pas moins. Il a été formé pour produire des myriades d'êtres organisés qui vivent à ses dépens, comme ces êtres organisés eux-mêmes en produisent ou en reçoivent de parasites qui se nourrissent également de leur substance; car la vie est telle que celui qui en est doué dans notre monde, ne peut l'entretenir qu'en s'assimilant la substance d'un autre être organisé (1).

Le but de la nature en formant le sphéroïde terrestre a donc été de créer un être doué de la faculté de produire sans cesse, non de détruire. En effet, si les phénomènes qui se passent à sa surface causent parfois la destruction des êtres qui l'habitent, ce n'est qu'une chose accidentelle et si rare, comparativement à son immense prodigalité de production, qu'on ne peut lui attribuer cette cause, ou du moins le but de la destruction.

Il a donc reçu la faculté de produire uniquement, et sans cesse, tant que la force génératrice existera en lui; mais la nature lui a refusé le sens, l'esprit et la raison; il ne lui fallait ni sentiment, ni intelligence, ni jugement; il crée seulement pour créer, parce que telle est sa mission dans l'univers, mission qu'il doit remplir, tant qu'il conservera cette faculté productrice de jeunesse et de virilité. Mais lorsqu'à force de la communiquer pendant une longue succession de siècles, il l'aura

---

(1) C'est ce besoin d'assimilation et la faculté de le satisfaire qui, manquant un jour au sphéroïde terrestre, sera une des causes de la fin de son existence.

perdue graduellement ; alors se refroidissant, ainsi que le vieillard qui perd son calorique avec l'âge parce que les années l'ont employé ; lorsque les glaces des pôles s'étendront à l'équateur, la vie s'éteindra à la surface du sphéroïde ; et il roulera silencieux et inanimé dans l'immensité, jusqu'à ce que peut-être une épouvantable catastrophe, brisant en poussière son écorce solidifiée, rendra au grand espace toutes les substances qui le forment, pour servir ensuite à la recomposition d'autres mondes (1).

---

(1) Lorsque, par des études plus approfondies, on sera parvenu à reconnaître les organes du sphéroïde terrestre dans toute leur étendue, il faudra étudier :

1° Leur composition, c'est-à-dire la matière qui les constitue, leurs éléments chimiques, ainsi que les principes immédiats qui résultent de l'association de ces éléments ;

2° Leur structure ou la composition intime de la matière ;

3° Leur configuration ou la forme extérieure qu'affecte la masse matérielle ;

4° Leurs actions ou les résultats du mouvement de la matière ;

5° Les propriétés physiques telles que le degré d'élasticité ou de cohésion ;

6° La situation de chaque organe à l'égard, soit des autres, soit du corps entier ;

7° Son mode de connexion avec les parties voisines ;

8° Le genre d'action propre à chaque organe ;

9° Enfin le résultat de toutes les actions partielles ou la vie commune générale.

Mais quoique l'on ne soit point encore parvenu à établir ces faits, on n'en peut pas moins conclure que le sphéroïde terrestre est un corps organisé vivant. Prétendre le contraire, d'après tout ce qui a été exposé dans cet ouvrage pour le prouver, ce serait prétendre que le corps humain n'est point organisé et vivant, parce qu'on n'aurait aucune connaissance de son anatomie.

Dès que nous reconnaissons que la nature a doué d'une organisation merveilleuse le plus petit insecte, pouvons-nous penser que les mondes ne sont que des amas de matières mortes, et sans aucune fonction relative ou nécessaire à leur existence? Est-ce que, par exemple, le carbone que l'on rencontre dans les minéraux est mort, tandis que le carbone qui circule dans notre sang est vivant? non, les molécules de la matière sont les mêmes; seulement elles sont en mouvement ou en repos, suivant leurs combinaisons et les circonstances où elles se trouvent. Voilà ce qui établit toute la différence; mais ce mouvement est une action, souvent c'est une fonction; c'est la vie!

Pour expliquer ma théorie physiologique du globe terrestre par une conclusion probable, je vais résumer les fonctions vitales exercées par ce grand être organisé, en les comparant aux faits de sa création que la science admet aujourd'hui, et je vais passer en revue les attributions que les roches, qui composent son écorce, ont reçues de la nature, pour remplir les fonctions organiques que je lui ai reconnues dans les précédents chapitres. Il est admis par les physiciens, par les astronomes et par les géologues, que le globe terrestre a été originairement dans un état de liquidité que conserve encore sa masse interne, et qu'il est passé d'un état primitif d'incandescence à un état de cristallisation et concret; ce qui a formé les couches solides que l'on a nommées croûte, écorce consolidée, ou mieux écorce minérale. Dans les démonstrations de la physiologie, on dit que l'embryon dans le sein de sa mère y est à l'état liquide ou gélatineux; que peu à peu son enveloppe se concrète, que l'organisation se poursuit, se complète et s'achève par une solidification extérieure. N'est-ce pas là l'histoire de la formation du globe terrestre, d'abord liquide, puis avec une enveloppe qui se solidifie pendant que son organisation se poursuit, par l'intrusion des roches éruptives, qui rendent fissiles les roches schisteuses, et se complète par l'injection ou la formation, par toute autre action, des filons métalliques qui, comme autant de rameaux nerveux, s'étendent depuis les profondeurs de sa masse centrale jusqu'à la superficie de son écorce, où ils viennent affleurer comme les houpes nerveuses à la surface des corps organisés? Comment ne pas être convaincu de ces faits, quand on a entendu M. Dumas, ce professeur savant et si incontestable dans tous les principes qu'il pose et dans tous les faits qu'il présente, dire dans son cours de chimie de 1845 : « L'état globu- » laire que présentent les corps organisés se rapproche » de l'état cristallin des corps métalliques; il paraît » avoir des rapports avec la cristallisation? » N'est-ce pas avoir soulevé le voile que j'enlève à la nature? D'après ces paroles d'un observateur si profond, comment ne pas admettre un mode analogue d'opérations de la nature, dans la formation des corps organisés, et dans celle du globe terrestre? Ainsi on doit admettre que les roches cristallines sont réellement la charpente solide du globe, qui, ainsi qu'une coquille, protége et conserve la masse centrale en la mettant à l'abri des influences qui dans l'espace pourraient lui être contraires, dans ses rapports avec les autres corps sidéraux.

Il est au surplus résulté de cette consolidation de l'écorce un refroidissement qui a permis à l'eau vaporisée autour de la planète de se condenser, de tomber, et de rester liquide à la surface en y formant des mers, des lacs plus ou moins profonds, qui peut-être en couvraient même toute l'étendue, dans lesquels les premiers corps organisés ont pris naissance, sans lesquels ils n'auraient point vécu, et dont les détritus n'auraient pu servir à la formation d'autres espèces.

Le principe et le fait de la formation du globe établis, passons aux attributions que les roches ont reçues de la nature pour remplir les diverses fonctions organiques qui leur ont été confiées.

Nous avons expliqué dans les différents chapitres les fonctions des corps organisés ; nous y avons appliqué la mission que les différentes roches étaient destinées à remplir pour exercer ces fonctions ; on a pu dès lors reconnaître que les roches n'ont point été formées sans un but particulier ; en effet, elles ne sont point placées au hasard sur le globe, et si leur superposition indique leur âge relatif, leur composition et leur structure doivent servir à faire reconnaître les fonctions qu'elles sont destinées à remplir pour compléter l'organisation du globe terrestre. En examinant sur place les substances qui composent l'écorce du globe on remarque qu'elles n'y sont point jetées pêle-mêle ; elles sont enchevêtrées ou juxtaposées, ou placées dans un rapport intime avec la forme des masses, ou d'après certaines règles générales que le géologue n'entrevoit pas toujours au premier aperçu dans la rapidité de ses voyages, mais que le physiologiste peut reconnaître dans l'ensemble général des choses existantes.

On a vu dans le chapitre de la composition des matériaux qui constituent le globe que, pour désigner à mes lecteurs les attributions des roches, je n'ai point adopté les classifications de nos grands géologues qui ont souvent fait une foule d'espèces et une multitude de divisions, qui peuvent être nécessaires pour faciliter les études ; mais comme ces classifications sont plutôt artificielles que naturelles, je crois pouvoir réduire ces variétés si nombreuses de roches, qui constituent dans l'écorce du globe des montagnes, des plateaux, des terrasses, des bancs, etc., à six groupes principaux qui présentent des différences tranchées dans leur composition, ou dans leur structure (1).

J'admettrai donc :

1° Le groupe des roches pierreuses ;

2° Celui des roches métalliques ;

3° Celui des roches salines ;

4° Celui des roches volcaniques ;

5° Celui des roches combustibles ;

6° Des terrains d'alluvions et modernes.

Ces groupes se composent des roches ci-après dénommées.

---

(1) J'ai déjà cité ces groupes à l'article de la composition du globe ; mais je crois devoir les répéter ici, afin de faciliter au lecteur l'intelligence de ma conclusion.

1° *Roches pierreuses.* Ce groupe se compose de roches

> quartzeuses,
> feldspathiques,
> micacées,
> talqueuses,
> amphiboliques,
> diallagiques,
> pyroxéniques,
> grenatites,
> amphigénites.

2° *Roches métalliques.* Toutes celles où un métal forme l'élément principal, telles que :

> le fer,
> le manganèse,
> le zinc,
> le plomb, etc.

3° *Roches salines.* Ce groupe se compose des roches de :

> chaux carbonatée,
> chaux sulfatée,
> magnésie,
> strontiane,
> baryte,
> soude muriatée.

4° *Roches volcaniques.* Ce groupe comprend :

> les laves,
> les scories,
> les basaltes,
> les tufs volcaniques, etc.

5° *Roches combustibles.* Ce sont :

> le soufre,
> le charbon,
> la houille,
> l'anthracite,
> les lignites,
> la tourbe.

6° *Alluvions marines* et *fluviatiles.* Ce sont :

> Les travertins et les terrains modernes.

Elles rentrent dans les dépôts des roches sédimentaires et salines dont nous avons fait connaître l'usage pour le globe.

Le premier groupe des roches pierreuses comprend celles qui ont réellement constitué l'enveloppe solide du globe ; elles forment le sol primordial. Elles ont dû être produites par les métaux qui sont les principes élémentaires ou plutôt encore indécomposés reconnus aujourd'hui. Lorsque la masse centrale ne formait qu'un amas de matières en fusion, sans écorce, elle présentait, en roulant dans l'espace, ces métaux fondus à l'action de l'oxygène qui y est répandu ; ils se concrétaient aussitôt, et ce devaient être ceux qui s'oxydent si facilement qu'il est impossible de les tenir quelques instants à l'état métallique dans l'atmosphère, quand on est parvenu à les y obtenir dans les laboratoires. Il est alors facile de concevoir que le sodium, le silicium, le potassium, le calcium, l'aluminium, etc., ont dû former très-promptement une croûte métallique oxydée ; et ce sont ces métaux oxydés que les géologues ont nommés roches quartzeuses, roches feldspathiques, roches calcaires, etc.

Quant aux variétés de ces roches, ce sont des accidents ou des causes particulières éruptives qui les ont métamorphisées. Les géologues en ont décrit une partie sous les dénominations de *roches et terrains de transition*; elles sont le résultat d'événements, de faits ou de circonstances dont le globe a été le théâtre, mais qui se sont passés postérieurement. On peut les considérer comme des maladies du globe; elles sont étrangères à ses fonctions organiques.

Les roches du groupe suivant sont les roches métalliques. J'ai fait voir à l'article du système nerveux le rôle important que jouent les métaux dans l'organisation du globe; c'est donc à cette fonction que se rapporte l'usage des roches métalliques.

Le troisième groupe est celui des roches salines. Elles ont une origine bien postérieure; elles ont été produites par la fracture, le broiement et la désagrégation des roches précédentes; elles contiennent en outre les détritus des êtres organisés qui se sont déposés sur l'enveloppe après avoir vécu à la surface ou dans les eaux du globe; elles ne peuvent donc point être considérées comme ayant dû faire partie de la charpente solide du globe qui existait avant elles, dont l'organisation était complète, et qui avait fonctionné un nombre considérable de siècles avant qu'elles fussent formées. Mais on a vu dans le chapitre de la nutrition qu'elles étaient destinées à servir à son alimentation par les principes qu'elles contiennent; ainsi, toutes les roches de la période salino-magnésienne (de M. Cordier) ont pour usage de servir à l'alimentation de la masse centrale du globe, par les transports qui en sont faits de l'extérieur à l'intérieur, au moyen des eaux courantes et des gouffres.

Quant aux roches volcaniques qui forment le quatrième groupe, nous avons fait voir au chapitre de la digestion que les produits volcaniques étaient le résultat d'une *dissolution chimique* et d'une élaboration intérieure des organes du globle. C'est un effet entièrement analogue à ceux de la digestion des corps organisés vivants.

Nous avons fait voir également que les roches schisteuses peuvent, en raison de leur fissibilité, avoir une propriété exhalante: ce seraient alors les pores exhalants du globe; c'est toutefois un fait que je ne présente ici que comme une hypothèse douteuse.

Les argiles sont des roches qui résultent principalement de la décomposition du feldspath et qui sont mélangées avec quelques autres substances. Lorsque les roches primitives furent consolidées, les argiles déposées par les eaux se sont étendues sur la croûte refroidie; elles ont eu pour destination, comme les vaisseaux dans les corps organisés, de servir de conduit aux liquides, d'empêcher leur infiltration à travers les fissures et dans les couches perméables, au moyen de leur caractère onctueux ou gras et de leur propriété de faire pâte avec l'eau. Tel est l'usage des roches argileuses à l'égard du globe. Il est si bien reconnu que toutes les fois que nous voulons conserver des eaux dans des limites particulières, nous employons l'argile pour glaiser les parois qui doivent servir de digue à ces eaux.

Quant aux roches combustibles qui forment le cinquième groupe, elles sont le résultat de combinaisons chimiques dans les eaux ou dans l'intérieur de la terre; ce sont des élaborations qui ne sont d'aucun usage reconnu jusqu'ici dans l'organisation du globe. On pourrait peut-être les comparer à certaines sécrétions qui ont lieu dans les corps organisés; c'est toutefois un objet à examiner et à étudier. Les terrains tertiaires et modernes qui forment le sixième groupe se composent de roches sédimentaires et de dépôts marins et fluviatiles qui rentrent dans les roches salines, dont nous avons fait connaître l'usage.

En résumé, il n'y a donc que les roches pierreuses du premier groupe qui aient constitué l'organisation solide du globe terrestre; les roches schisteuses peuvent en être les organes exhalants, les couches perméables les organes absorbants, les couches argileuses les organes circulatoires.

Désirant compléter le résumé des fonctions vitales exercées par le sphéroïde terrestre, je crois devoir revenir dans ce chapitre sur sa nutrition, et présenter des considérations qui pourront être de nature à convaincre les plus incrédules que le globe terrestre exerce cette fonction importante.

Si l'on examine ce qui s'est passé dans l'ordre des créations que l'on reconnaît dans les couches de l'écorce minérale, on ne voit apparaître dans les terrains les plus inférieurs que les types des organisations les plus simples ; c'est une sorte de matière gélatineuse animée ; ce sont des végétaux de la classe des agames et des cryptogames, des conferves, des fucus et de petits animaux microscopiques existant dans les eaux. Ces petits êtres organisés étaient aussi minimes, parce que les légers détritus qu'ils laissaient après une courte existence pouvaient alors suffire à l'alimentation du sphéroïde terrestre, dont l'organisation n'était peut-être pas même encore complète ; il était alors dans l'état de l'embryon qui se produit et s'accroît au moyen des légers sucs nourriciers élaborés par les entrailles de sa mère.

Dans les terrains un peu plus supérieurs, on remarque par les débris que les corps organisés vivants y ont laissés, et qui, comme les médailles, retracent l'histoire des siècles passés, que ces êtres se sont accrus en classes, en genres, en espèces. Là déjà plusieurs types se développent aux yeux du naturaliste : on y voit des polypes, des crustacés, des mollusques et des vertébrés. Si ces êtres ont apparu à cette époque en nombre déjà si important, c'était afin que leurs détritus, en masses plus considérables, pussent suffire aux besoins du sphéroïde terrestre, devenus plus impérieux.

Si des terrains intermédiaires on passe à l'examen des terrains jurassiques, on remarque alors que les êtres organisés y apparaissent sous tous les types d'organisation reconnus ; ils y sont en nombre incalculable, des espèces y sont monstrueuses et d'une grandeur prodigieuse ; ce sont tantôt des lézards de cent pieds de longueur, tantôt des sauriens effrayants par leurs formes extraordinaires et par leur taille gigantesque. C'était vraisemblablement l'époque où le sphéroïde terrestre ayant besoin d'une nourriture plus considérable, la nature avait produit ces espèces pour que sa nutrition s'opérât par des détritus plus abondants.

Poursuit-on ses observations dans les terrains tertiaires, ces espèces gigantesques ont disparu, parce que sans doute elles ne sont plus nécessaires au but que la nature se proposait.

Que conclure de ces faits reconnus et bien constatés par l'étude de la géologie? Qu'ils doivent être pour l'observateur une sorte de chronomètre qui prouve que le sphéroïde terrestre a passé successivement par des périodes de naissance, d'enfance, d'âge adulte, et que vraisemblablement aujourd'hui il n'a plus besoin pour sa nutrition des détritus abondants que fournissaient les végétaux arborescents, les ornitichites et les sauriens gigantesques; qu'il a passé l'âge où l'être organisé n'ayant plus besoin d'autant de matière réparatrice ou nutritive, atteint déjà l'âge avancé, où ses organes fatigués et obstrués ne permettent plus une nourriture aussi abondante.

D'après toutes les explications que j'ai données dans ce chapitre, je crois pouvoir avancer sans être trop présomptueux, que si l'on persiste à penser que le sphéroïde terrestre est un amas de matières mortes ou un corps inorganisé, on ne peut donner une explication satisfaisante des phénomènes physiques, géologiques et physiologiques qui s'y passent, malgré les systèmes imaginés par les hommes de génie de tous les siècles, et malgré les suppositions et les hypothèses dont ils ont essayé de les appuyer.

Tous les faits recueillis et présentés dans cet ouvrage devraient suffire pour convaincre les plus incrédules de la vérité de la proposition que j'avance; mais comme il ne suffit pas de se borner à recueillir des faits pour connaître les grandes lois de la nature, j'ai cru devoir, dans les chapitres qui ont précédé, donner les moyens de les comparer entre eux et d'examiner leurs rapports, en remontant ainsi aux causes et aux actions qu'elles produisent; je dois être parvenu, par cette méthode, à faire passer dans la pensée de mes lecteurs toute la conviction de mon âme.

S'il n'en était pas ainsi, je demanderais aux savants de notre siècle, dont j'honore et dont j'apprécie les lumières, puisque journellement encore j'assiste à leurs démonstrations dans les amphithéâtres de la capitale, je leur demanderais pourquoi ces vapeurs qui s'élèvent de la terre et des eaux, pourquoi ces mers, ces fleuves, ces rivières, ces courants généraux ou partiels, pourquoi ces gouffres, pourquoi ces innombrables végétaux dont le globe est paré, pourquoi ces roches si différentes de contexture et de composition, pourquoi ces filons métalliques qui partent du centre du globe et qui affleurent à sa surface, pourquoi ces tremblements de terre, ces éjections volcaniques (1), pourquoi cette circula-

____

(1) M. Élie de Beaumont a dit en 1846, dans une de ses démonstrations au collège de France : « Si l'on examine la position des volcans sur le globe, et si l'on remarque que les tremblements de terre

tion perpétuelle de fluides magnétique, électrique et de toutes natures? Ils feront à ces questions des réponses très-savantes, mais qui ne satisferont pas complétement, en ce qu'elles ne feront pas connaître le véritable but de la nature dans l'emploi de ces mouvements et de ces actions si diverses.

Lorsque l'on admet, au contraire, que le globe terrestre est doué de fonctions vitales analogues à celles des corps organisés; qu'il a une circulation, une respiration, un système absorbant, un système exhalant; qu'il exécute des mouvements très-manifestes; qu'il peut avoir une certaine sensibilité, puisqu'il a une contractilité; qu'il a un système nerveux; qu'enfin il possède et développe une chaleur vitale, on voit aussitôt apparaître la réponse à toutes les questions que je viens de faire, et dont l'explication donnée dans les précédents chapitres assigne à chacune de ces actions, à chacun de ces phénomènes une fonction à remplir pour exercer dans le sphéroïde terrestre tel ou tel ordre de mouvements nécessaires à son existence. On n'a plus besoin alors de suppositions ni d'hypothèses, on voit la lumière apparaître, on sent qu'on est sur le chemin de la vérité!

On reconnaît enfin que le globe terrestre est un *grand être organisé vivant*, et que tous les phénomènes dont notre planète est le théâtre n'ont d'autre but que d'entretenir

---

coïncident avec leur direction et leur position, il faut convenir que ces phénomènes tiennent à quelque chose de particulier dans l'écorce terrestre.

la vie générale à sa surface, afin d'assurer en définitive l'existence de la race humaine.

Qu'on ne m'accuse donc point de matérialisme, de panthéisme ou d'impiété pour avoir prouvé par des études constantes et par des méditations profondes toute l'harmonie de la création, ou bien, mes contemporains (Athéniens nouveaux), présentez-moi la coupe de Socrate (1).

---

(1) Voir Discours préliminaire, p. 7.

FIN.

AUTEURS ET OUVRAGES CITÉS

DANS CE VOLUME.

Note. Si je cite ces savants, ce n'est point pour m'associer à leur renommée ; c'est pour l'acquit de ma conscience, et pour déclarer que je dois aux lumières qu'ils m'ont prêtées les pensées qui m'ont inspiré cet essai.

Adanson.

Adelon.

Arago.

Barthez.

Bayle.

Becquerel.

Bernardin de Saint-Pierre.

Bichat.

Bonnet.

Bordeu.

Brongniart.

Busch.

Buffon.

Cassini.

Chevrel.

Constant Prévost.

Cordier.

Cuvier.

Delaplace.

Delavigne.

Desclozeau.

Dictionnaire d'hist. naturelle.

Dictionnaire des sciences médicales.

Dufrénoy.

Dumas.

Élie de Beaumont.

Fourier.

Golbéry.

Haller.

Horace.

Humboldt.

Kepler.

Lamarck.

Lehman.

Lyel.

Milne Edwards.

Nunés de Carvalleo.

Poisson.

Stahl.

Sylvius de Leboé.

Voyage dans l'Istrie.

QUESTIONS PRINCIPALES

Que l'auteur s'est proposées avant de résoudre le problème
de l'animation du globe terrestre.

(Voir pour leur solution les pages dont le chiffre est indiqué.)

Pages.

Le globe terrestre est-il un amas de matières inertes? 6

Le nom de terre doit-il être conservé à notre planète? 11

Quel est l'objet de la création du globe terrestre? . . . . . 14 et 72

Peut-on l'examiner physiologiquement? 12

Qu'est-ce qu'un animal? 11

L'organisation du globe est-elle celle d'un animal? . . . . 13 et 19

Les principes qui ont été reconnus dans le règne inorganique
existent-ils dans le règne organique? 23

L'écorce minérale du globe terrestre a-t-elle des fonctions à
remplir? 24

Le globe terrestre est-il à l'état solide comme les corps inorganiques? 24

Quelle est la composition du globe? 25

Les lois fondamentales de la forme organique peuvent-elles
s'appliquer à la formation du globe? 35

L'organisation et la vie sont-elles une même chose? 38

Le globe possède-t-il les propriétés organiques? 39

Les substances qui le composent sont-elles unies par une force
d'attraction? 42

Le globe présente-t-il les propriétés attribuées aux corps organisés? 53

A-t-il des sens? 59

Éprouve-t-il de la contractilité? 60

Possède t-il la caloricité? 61

	Pages.
Possède-t-il la motilité ?	63
Possède-t-il l'irritabilité ?	74
A-t-il une respiration ?	77
Une circulation ?	80
Exerce-t-il les fonctions suivantes ? — De l'absorption.	91
De l'assimilation.	96
De la nutrition.	99
De la digestion.	108
Des déjections.	110
Des sécrétions.	114
De la transpiration.	116
De la génération.	117
Possède-t-il des organes pour exercer ces fonctions ?	134
A-t-il un appareil nerveux ?	139
A-t-il un cerveau ?	142
A-t-il un cœur ?	146
A-t-il une locomotion ?	150
A-t-il une charpente solide ?	153
A-t-il une organisation musculaire ?	158
A-t-il un pelage ou une robe ?	159
Est-il sujet à la loi de l'accroissement ?	162
Est-il attaqué par des maladies ?	173
Peut-on lui reconnaître ce qui constitue la vie ?	171
Doit-il finir ou mourir ?	179
Conclusion.	185

PRINCIPES.

Note de l'auteur. J'ai pensé qu'il pourrait être utile de réunir, dans un résumé sommaire, les principes généraux sur lesquels les bases de ma théorie sont établies, afin de faciliter les recherches aux personnes qui voudraient la développer, lorsque les progrès de la science permettront de le faire avec plus d'avantage.

Aucune des opérations de la nature n'a lieu sans un but utile. Elle a toujours procédé du simple au composé dans toutes ses actions. Pages 28 et 29.

Dans la nature rien ne se détruit complétement, rien ne se perd. *Semper aliquid* est la devise de son éternelle fécondité. Page 169.

Les substances minérales sont composées des mêmes éléments que les animaux et les végétaux, et les êtres organisés finissent per se résoudre en éléments semblables à ceux du règne minéral. Page 97.

Les roches n'ont point été formées sans un but particulier; leur structure doit servir à faire reconnaître les fonctions qu'elles sont destinées à remplir. Page 190.

Les formes cristallines des minéralogistes sont aux matières solides du globe ce que la lymphe coagulable, fibreuse ou lamellaire des physiologistes est à l'égard des corps organisés vivants. Page 36.

L'homme, la créature la plus perfectionnée du globe, n'est qu'un minéral organisé. Pages 54 et 167.

La vie ne réside point dans les organes, car un être vivant peut être privé d'un ou de plusieurs organes; seulement l'organisation est une preuve de l'existence. Page 134.

La vie du globe terrestre ainsi que celle des plantes, est toute mécanique et n'a rien d'intellectuel. Page 185.

Le globe a été doué originairement du principe vital qu'il a propagé dans tout le système des corps organisés. Page 15.

La masse centrale du globe a dû être préservée des influences extérieures qui auraient pu altérer le principe vital qu'elle possède ; à cet effet il a été pourvu d'une écorce solide. Page 153.

Le feu de cette masse n'est point semblable à celui du soleil ni à celui de la terre, ce n'est pas une combustion, c'est une fusion Page 28.

L'écorce minérale du globe doit s'accroître de deux manières, extérieurement et intérieurement. Page 162.

L'altération et la décomposition des roches tend à détruire la résistance qu'elles opposent, par leur pesanteur, aux efforts de la masse centrale. Page 176.

Le globe terrestre est le premier anneau de la chaîne qui lie étroitement entre eux tous les êtres animés. Page 52.

Si le globe donne la vie, il la possède. Page 119.

Jamais la vie ne s'éteint dans le globe, elle est inhérente à la matière, qui dans sa destruction présente des phénomènes de recomposition. Page 169.

L'organisation du globe n'est pas précisément celle d'un végétal ou d'un animal, c'est celle d'un monde. Page 19.

S'il n'est pas semblable quant à la forme aux êtres organisés que nous connaissons, l'analogie permet de concevoir qu'il exerce les mêmes fonctions vitales. Pages 183.

Si la matière qui compose le globe était une matière inerte ou morte, elle resterait toujours la même ; mais elle éprouve des altérations, des modifications, des décompositions. Page 176.

Il ne nous paraît une matière inerte, que parce que nous voyons la nature trop en petit pour apprécier sa structure. Pages 6 et 45.

Les changements qui se passent dans le globe nous paraissent peu sensibles, parce qu'ils dépendent de sa longévité comparée au peu de temps que nous vivons. Page 163.

Le globe terrestre, ainsi que les êtres organisés, jouit de la faculté qui modifie l'action des puissances extérieures. Page 171.

Il jouit aussi de la propriété active qui fait résister les corps à leur destruction par une réaction intérieure. Page 68.

Il paraît avoir un organe impulsif du centre à la circonférence, qui serait le noyau magnétique de Haller. Page 146.

Les mers, les fleuves, les rivières, les sources, les fontaines jaillissantes, les cours d'eau souterrains indiquent une fonction de circulation dans le globe. Page 85.

Il paraît que les substances charriées par les eaux, et introduites par les gouffres dans les entrailles de la terre, ont pour objet la nutrition. Page 109.

Les filons métalliques ont pour objet d'exercer, par des effets électro-chimiques, une irritabilité nécessaire à sa vie intérieure. Page 141.

Le globe est doué d'une sensibilité obscure, mais qui paraît prouvée par la contractilité de son écorce. Page 59.

Il obéit à une cause qui excite son irritabilité en déterminant des actions qui produisent son mouvement. Page 73.

Les mouvements du globe peuvent être distingués en intérieurs et en extérieurs. Page 151.

Les actions qui se passent dans le globe prouvent qu'il n'est point dans un état d'inertie ou d'immobilité. Page 65.

Le globe a présenté successivement les phases de naissance, d'âge adulte et de vieillesse. Page 69.

Il est sujet à des anomalies, que l'on peut considérer comme ses maladies. Page 177.

Le globe terrestre doit finir ou mourir par plusieurs causes mortelles très-puissantes. Page 180.

Il n'a reçu qu'une quantité donnée de force vitale, dont il a déjà perdu une partie; lorsqu'il aura épuisé ce principe vivifiant, il cessera d'exister. Page 182.

PARIS. — IMPRIMERIE DE FAIN ET THUNOT,
Rue Racine, 28, près de l'Odéon.